21 世纪普通高等教育基础课系列教材

电工与电子技术实验

主编 刘　红　赵敏玲
参编 陈　霄　曹跃龙

机 械 工 业 出 版 社

电工技术和电子技术是非电类专业很重要的技术基础课程，而实验又是其重要组成部分，具有举足轻重的作用，不可轻视。通过实验，可以巩固和加深对所学理论知识的理解与掌握，培养学生严格的科学作风及综合设计和创新能力。本书是根据电工技术和电子技术课程教学大纲的基本要求，面对扩招后新的培养对象、21 世纪对人才培养的新要求和学分制下学生自由选课的新形势，结合作者多年的教学经验以及当前教学改革和教学体系建设的要求编写而成。本书内容包括常用仪器仪表的使用、电工技术实验、模拟电子技术实验、数字电子技术实验四部分，分成验证性、设计性和综合提高性实验三个层次。

本书可作为工科院校非电类及相关专业的本科、专科学生的电工技术和电子技术实验课教材，也可作为电工与电子技术、模拟电子技术、数字电子技术等课程的实验教材和实验指导书。

图书在版编目（CIP）数据

电工与电子技术实验/刘红，赵敏玲主编．—北京：机械工业出版社，2010.7（2025.7 重印）
21 世纪普通高等教育基础课系列教材
ISBN 978-7-111-31096-9

Ⅰ.①电…　Ⅱ.①刘…②赵…　Ⅲ.①电工技术-实验-高等学校-教材②电子技术-实验-高等学校-教材
Ⅳ.①TM-33②TN-33

中国版本图书馆 CIP 数据核字（2010）第 119019 号

机械工业出版社（北京市百万庄大街 22 号　邮政编码 100037）
策划编辑：李永联　责任编辑：任正一
版式设计：霍永明　责任校对：程俊巧
封面设计：赵颖喆　责任印制：刘　媛
北京富资园科技发展有限公司印刷
2025 年 7 月第 1 版・第 9 次印刷
169mm×239mm・11 印张・217 千字
标准书号：ISBN 978-7-111-31096-9
定价：19.00 元

电话服务　　　　　　　　　　网络服务
客服电话：010-88361066　机　工　官　网：www.cmpbook.com
　　　　　010-88379833　机　工　官　博：weibo.com/cmp1952
　　　　　010-68326294　金　　书　　网：www.golden-book.com
　机工教育服务网：www.cmpedu.com

前　言

“电工与电子技术实验”是工科院校有关专业学生进行科学实验基本训练的一门必修课程，对培养学生的实验方法、实验技能和创新意识具有重要作用。西安理工大学一贯重视实践教学环节的改革与实践，注重对学生的实践能力、创新意识和全面素质的培养，学校长期以来对三电中心电工学的实验教学给予了极大的支持和帮助，三电中心电工学实验室多次获得省、部级先进实验室称号。

电工与电子技术课程包括电工技术基础、模拟电子技术基础和数字电子技术基础，是一门理论和实践性都很强的专业技术基础课程。而实验教学课程是一个必不可少的重要环节。如果学生仅有书本理论知识而缺乏独立思考和分析、解决问题的能力，是很难真正掌握以上课程的基本理论和有关的实际应用。为了培养学生的实际动手能力，以及发现问题、分析问题和解决问题的能力，尽快适应现代电工电子技术快速发展和对工程技术人员培养的要求，特别是面对扩招后新的培养对象，电工学实验室经过多年的摸索和实践，对实验教学的内容和形式进行了不断的改革，并且取得了显著的成效。在总结了近几年实验教学改革工作经验的基础上，为进一步适应新的培养模式，同时参照了国家教委有关《电工学教学大纲》、《电子技术教学大纲》，我们重新编写了《电工与电子技术实验》教材。本书注重基础理论，以实验为核心，突出基本原理、基本方法和基本实验技能。根据实验室近年来不断建设和更新的仪器设备，在保留原基本实验内容的同时，增加和丰富了综合性、设计性和创新性实验的内容，并对新购置的仪器仪表设备增加了使用说明。

本书共分四章，即常用电子测量仪器的使用、电工技术实验、模拟电子技术实验、数字电子技术实验，各章配备的实验内容可满足非电类不同专业、不同层次学生的要求。在每个实验中都配有预习要求和思考题，有助于学生在实验课前提高预习效果，在实验课后巩固实验收获。

实验教学是一项集体的事业，凝聚了西安理工大学电工学老师们几十年来辛勤劳动的成果，是全体同仁在长期的实验教学改革与实践中不断探索、充实和完善的结晶。

本书由刘红、赵敏玲主编，陈霄、曹跃龙参编，许泽鹏主审。在编写过程中，得到了不少校内外同仁的帮助，并借鉴和参阅了兄弟院校的有关教材和经验，在此深表谢意。由于编者水平和经验有限，书中难免会有不妥之处，敬望读者批评指正。

编　者

2010 年 4 月

目 录

第一章　常用电子测量仪器的使用

第一节　双踪示波器

一、MOS—620F 型示波器

（一）基本组成和原理

MOS—620F 型示波器是一种双通道示波器，带宽为 20MHz，最大灵敏度为 1mV/DIV，最大扫描速度为 0.2μs/DIV，并可扩展 10 倍使扫描速度达到 20ns/DIV，采用 8cm×10cm 矩形内刻度示波器管。

双通道示波器是指可以在一个示波管荧光屏上同时显示两个信号波形，用来比较被测系统的输出和输入信号、研究波形变换器的各级信号、观察脉冲电路各点波形及信号通过网络时的波形畸变、测量波形相位移等；也可以任意选择通道独立工作，进行单踪显示；还可以对两信号叠加后显示。

MOS—620F 双踪示波器由垂直偏置电路、水平偏置电路、校准信号、示波管电路及电源供给电路等组成，其原理框图如图 1-1 所示。

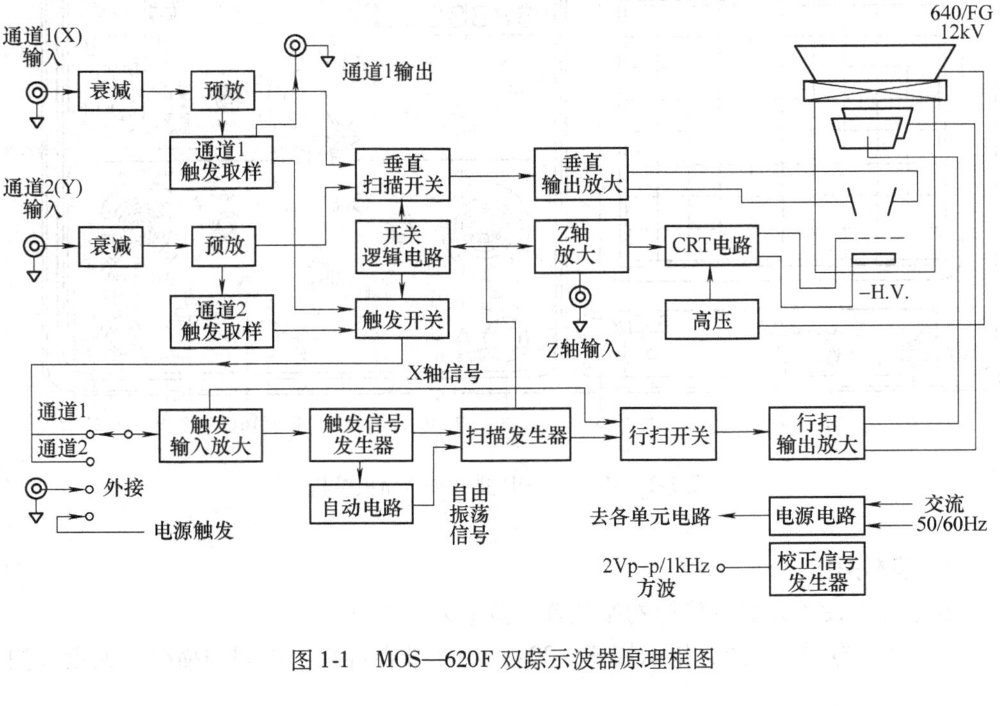

图 1-1　MOS—620F 双踪示波器原理框图

被测信号电压通过探头加到 CH1（通道 1）或 CH2（通道 2）输入端，经衰减、前置放大器垂直开关电路、垂直输出放大器放大加之示波管的垂直偏置板。触发电路将取自被测信号的一部分（也有外触发、电源触发）放大后去控制扫描发生器。扫描发生器在触发信号的作用下，产生一个与“TIME/DIV”扫描时间开关选择的时间因数相一致的锯齿波电压。此锯齿波电压经水平（X 轴）输出放大器加在示波管的水平偏置板上，使示波管阴极发射的电子束在荧光屏上形成周期性的与时间成正比的水平位移，从而把垂直方向的被测信号电压按时间变化的波形展现在荧光屏上。示波管电路给示波管各级提供合适的电压，使示波管工作于最佳状态。垂直开关电路的作用是偏转 CH1 和 CH2 前置放大器信号，并将信号送入垂直输出放大器，触发信号通过触发开关电路被送到触发发生器。水平开关电路的作用是转换来自扫描发生器的扫描锯齿波信号和在 X-Y 工作方式时由垂直开关电路送来的 CH1 水平信号，然后将信号送到 X 轴缓冲放大器。衰减器的作用是使被测信号电压变成一个合适的电压，以便在垂直方向得到合适大小的波形高度。

（二）面板及控制按钮的作用

MOS—620F 型示波器的面板包括示波管控制、水平方向控制、垂直方向控制（双通道）、触发扫描控制、信号频率显示等五部分，其面板结构如图 1-2 所示。

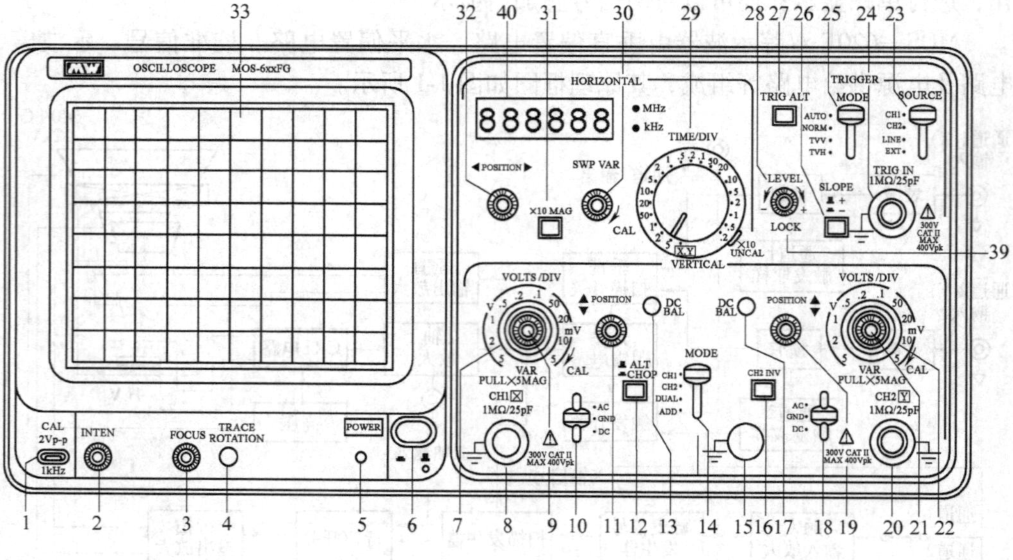

图 1-2　MOS—620F 型示波器面板结构

1. 基本操作

按表 1-1 设置开关及旋钮初始位置，按下列步骤操作。

1）开启电源开关 6，指示灯亮，20s 后，示波器屏幕上出现扫描线。如没有扫描线出现，应检查各开关及聚焦旋钮（按键）的初始位置是否正确。

2）调节辉度旋钮 2 和聚焦旋钮 3，使扫描线亮度合适且最清晰。

3）将 CH1 输入端连接到校准信号 1 上。

4）将耦合方式开关 10 或 18 置于 AC，这时示波器荧光屏上显示校准电压的方波波形。

5）为便于观测，适当调节 Y 轴衰减（VOLTS/DIV）开关 7 或 22 和扫描时间调节（TIME/DIV）开关 29，使显示波形幅度适中、周期适中，使得波形的幅度和时间易于读出。

6）调节垂直位移旋钮和水平位移旋钮使显示的波形对准某一刻度，以便读取电压（Up-p）和周期值。CH2 的操作与 CH1 相同。

表 1-1　示波器面板说明

	序号	装置名称	作　用	初始位置功能
示波管电路	6	电源开关（POWER）	示波器的主电源开关（当此开关开启时发光二极管发亮，表示电源已接通）	关位置
	2	辉度旋钮（INTER）	亮度调节轨迹或亮点的亮度	居中
	3	聚焦旋钮（FOCUS）	聚焦调节轨迹或亮点的聚焦	居中
	4	光迹旋钮	轨迹旋转半固定的电位器用来调整水平轨迹与刻度线的平行	
	33	滤色片	使波形看起来更加清晰	
垂直偏置系统	8 20	垂直端输入	分别为通道 1（CH1）、通道 2（CH2）的输入端；在 X-Y 模式下，CH1 作为 X 轴输入端，CH2 作为 Y 轴输入端	待接被测信号
	10 18	耦合方式开关（AC-GND-DC）	选择垂直轴输入信号的输入方式 AC：交流耦合，隔断直流 GND：垂直放大器的输入接地，输入端断开，可以用检查基准线（0 电平） DC：直流耦合	GND
	7 22	Y 轴垂直衰减开关（VOLTS/DIV）	垂直衰减开关：调节垂直偏转灵敏度从 5mV/DIV ~ 5V/DIV 分 10 档	0.5V/DIV
	9 21	Y 轴垂直衰减微调旋钮（VAR）	垂直微调：微调灵敏度大于或等于 1/2.5 标示值，在校正位置时，灵敏度校正为标示值。当该旋钮拉出后（×5MAG 状态）放大器的灵敏度乘以 5	CAL（顺时针到底位置）推进
	11 19	Y 轴位移（POSITION）	垂直位移：调节光迹在屏幕上的垂直位置	居中

（续）

	序号	装置名称	作 用	初始位置功能
垂直偏置系统	14 12 16	垂直方式开关 （VARTMODE）	选择 CH1 与 CH2 放大器的工作模式 CH1 或 CH2：通道 1 或通道 2 单独显示 DUAL：两个通道同时显示 ADD：显示两个通道的代数和（CH1 + CH2）。按下 CH2 INV 按钮，为代数差（CH1 - CH2） ALT/CHOP：在双踪显示时，放开此键，表示通道 1 与通道 2 交替显示（通常用在扫描速度较快的情况下）；当此键按下时，通道 1 与通道 2 同时断续显示（通常用于扫描速度较慢的情况下） CH2 INV：通道 2 的信号反向，当此键按下时，通道 2 的信号以及通道 2 的触发信号同时反向	
	13 17	CH1 和 CH2 的 DC BAL	用于衰减器的平衡调试	
水平偏置系统	29	扫描时间开关 （TIME/DIV）	时间/格（TIME/DIV）水平扫描速度开关：扫描速度可以分 20 档，从 0.2μs/DIV 到 0.5s/DIV。当设置到 X-Y 位置时可用做 X-Y 示波器	
	30	扫描时间微调 （VARABLE）	微调水平扫描时间，使扫描时间被校正到与面板上 TIME/DIV 指示的一致。TIME/DIV 扫描速度可连续变化，当逆时针旋转到底为校正位置。整个延时可达 2.5 倍以上	
	32	水平位移	调节光迹在屏幕上的水平位置	
	31	扫描扩展开关	按下时扫描速度扩展 10 倍	
	25	选择扫描（触发） 方式	AUTO：自动。当没有触发信号输入时扫描在自由模式下 NORM：常态。当没有触发信号时，踪迹处在待命状态并不显示 TV-V：电视场。当想要观察一场的电视信号时 TV-H：电视行。当想要观察一行的电视信号时。（仅当同步信号为负脉冲时，方可同步电视场和电视行）	AUTO
触发控制	23	触发源开关 （SOURCE）	触发源选择：选择内（INT）或外（EXT）触发 CH1/CH2：当垂直方式选择开关 14 设定在 DUAL 或 ADD 状态时，选择通道 1/2 作为内部触发信号源 LINE：选择交流电源作为触发信号 EXT：外部触发信号接于 24 作为触发信号源	CH1

（续）

	序号	装置名称	作　用	初始位置功能
触发控制	24	外触发输入端子（TRIG IN）	用于外部触发信号。当使用该功能时，开关23应设置在EXT的位置上	
	27	TRIG. ALT	当垂直方式开关14设定在DUAL或ADD状态，而且触发源开关选在通道1或通道2上，按下27，它会交替选择通道1和通道2作为内触发信号源	
	26	极性	触发信号的极性选择 “+”上升沿触发，“-”下降沿触发	“+”
	28	触发电平旋钮	显示一个同步稳定的波形，并设定一个波形的起始点。向“+”旋转触发电平向上移，向“-”旋转触发电平向下移	
	39	触发电平锁定	将触发电平旋钮28向顺时针方向转到底听到咔嗒一声后，触发电平被锁定在一固定电平上，这时改变扫描速度，或信号幅度时不再需要调节触发电平即可获得同步信号	
其他	1	CAL	提供幅度为2Vp-p频率1kHz的方波信号，用于校正10∶1探头的补偿电容器和检测示波器垂直与水平的偏转因数	
	15	GND	示波器机箱的接地端子	
	40	频率显示	用于显示CH1信号的频率大小	

2. 电压测量

（1）交流电压信号的测量　被测信号通过探头输入示波器，耦合方式开关置AC，Y轴微调置于CAL（校正）位置，适当调节Y轴衰减（VOLTS/DIV）开关7和扫描时间调节（TIME/DIV）开关29以得到适当高度的一个或两个完整周期的波形。调节垂直位移旋钮使电压峰值与某一刻度线重合，以便读出电压值。根据屏幕上的坐标读出被测波形峰-峰在Y轴上的高度（格数DIV），测出被测信号电压的峰-峰值。

（2）直流电压信号的测量　将耦合方式开关置于GND，屏幕上出现一条扫描线。调节垂直位移旋钮，使扫描线与某一刻度线重合，作为零电压的基准线，然后保持其不变。将耦合开关置于DC，被测信号通过探头输入示波器。Y轴微调置于CAL（校准）位置，适当调节Y轴衰减（VOLTS/DIV）开关7以便观测。根据屏幕上坐标读出被测信号距零电压基准线的距离（格数DIV），即可读出被测信号电压值。

3. 时间测量

将扫描时间微调置于CAL（校准）位置，适当调节Y轴衰减（VOLTS/DIV）

开关7和扫描时间调节（TIME/DIV）开关29以得到适合高度的一个或两个完整周期的波形。调节水平位移旋钮以便观测。根据屏幕上的坐标读出被测波形一个完整周期在X轴方向的长度（格数DIV），则测出被测信号的周期。

4. 频率测量

对于周期性的重复频率来说，按时间测量的公式测定其周期 T，按照频率 f 与周期 T 的倒数关系来计算频率，即 $f=\frac{1}{T}$。

5. 相位测量

将示波器垂直偏置系统置于双通道工作方式。测量相位时触发点正确与否很重要，应将Y轴触发源开关置于“CH2”的位置，然后用内触发形式启动扫描，测量两信号的相位差。

6. 使用注意事项

1）为了防止示波管的损害，不要使扫描线过亮或光点长时间静止不动。

2）示波器的输入端和探头输入端的最大允许输入电压如表1-2所示，输入电压不要高于这些极限值。

3）不要在强磁场或强电场中使用，以免测量时受干扰。

4）使用前，应检查电网电压，与仪器的电源电压应一致。

5）定量观察波形时应尽量在屏幕的中心区域进行，以减小测量误差。

6）调节各个旋钮时，不要过分用力，以免损坏仪器。

表1-2 示波器的最大允许输入电压

输入端	最大允许输入电压
CH1,CH2	400V(DC+AC Peak)
外触发输入(EXTTRIG IN)	400V(DC+AC Peak)
探头	600V(DC+AC Peak)
Z轴	300V峰值

二、DS1000E—EDU系列数字示波器简介

DS1000E—EDU系列为双通道加一个外部触发输入通道的数字示波器。DS1000E—EDU系列数字示波器前面板设计清晰直观，完全符合传统仪器的使用习惯，操作简单方便。为加速调整，便于测量，可以直接使用AUTO键，将立即获得适合的波形显示和档位设置。此外，高达1GSa/s的实时采样、25GSa/s的等效采样率及强大的触发和分析能力，可帮助使用者更快、更细致地观察、捕获和分析波形。

（一）初步了解示波器面板和用户界面

在使用DS1000E—EDU系列数字示波器时，需要对示波器的操作面板有一定的了解。本节主要对DS1000E—EDU系列数字示波器的前后面板使用及功能作简

单的描述和介绍，以便熟悉该系列数字示波器的使用。

1）前面板：如图1-3所示，面板上包括旋钮和功能按键，旋钮的功能与其他模拟示波器类似。显示屏右侧的一列5个灰色按键为菜单操作键（自上而下定义为1号键至5号键）。通过它们，可以设置当前菜单的不同选项；其他按键为功能键，通过它们，可以进入不同的功能菜单或直接获得特定的功能应用。

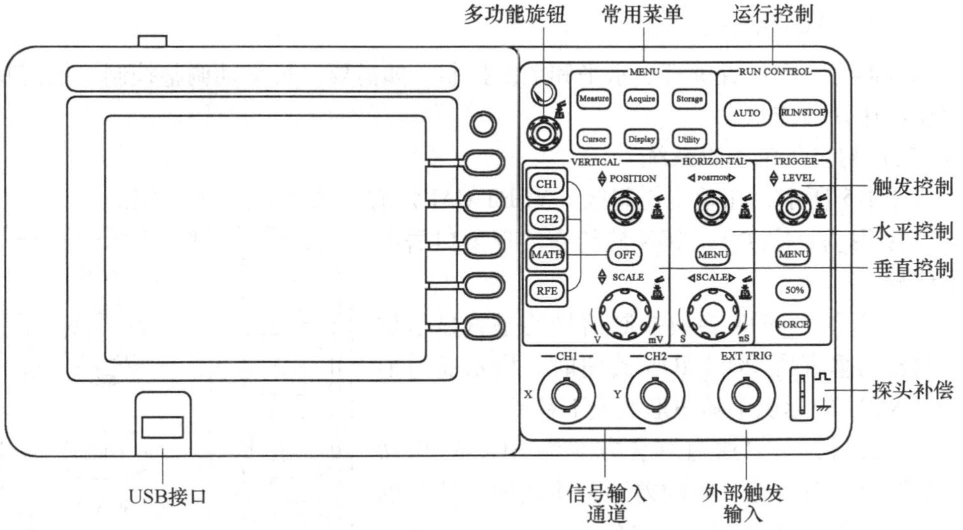

图1-3　DS1000E—EDU系列前面板

2）显示界面：如图1-4所示。

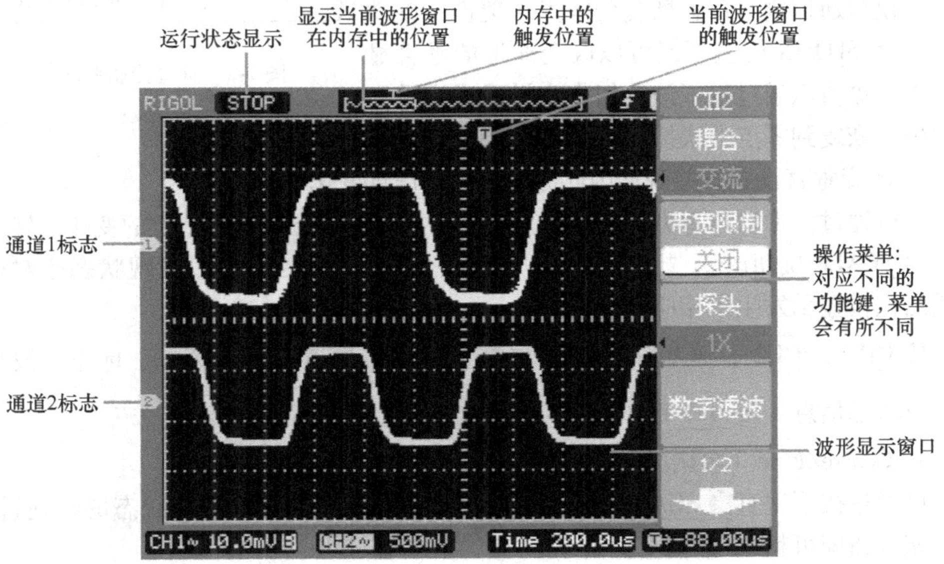

图1-4　显示界面

（二）波形显示的自动设置

DS1000E—EDU 系列数字示波器具有自动设置的功能。根据输入的信号，可自动调整电压倍率、时基以及触发方式，使波形显示达到最佳状态。应用自动设置要求被测信号的频率大于或等于 50Hz，占空比大于 1%。使用自动设置的步骤如下：

1）将被测信号连接到信号输入通道。

2）按下 AUTO 按键。

示波器将自动设置垂直、水平和触发控制。如需要，可手动调整控制旋钮使其波形显示达到最佳状态。

（三）初步了解垂直系统

如图 1-5 所示，在垂直控制区（VERTICAL）有一系列的按键、旋钮。

1. 使用垂直◎ POSITION 旋钮在波形窗口居中显示信号

垂直◎ POSITION 旋钮控制信号的垂直显示位置。当转动垂直◎ POSITION 旋钮时，指示通道地（GROUND）的标识跟随波形而上下移动。

测量技巧：如果通道耦合方式为 DC，可以通过观察波形与信号地之间的差距来快速测量信号的直流分量。如果耦合方式为 AC，信号里面的直流分量被滤除。这种方式方便用更高的灵敏度显示信号的交流分量。

双模拟通道垂直位置恢复到零点快捷键：旋动垂直◎ POSITION 旋钮不但可以改变通道的垂直显示位置，更可以通过按下该旋钮作为设置通道垂直显示位置恢复到零点的快捷键。

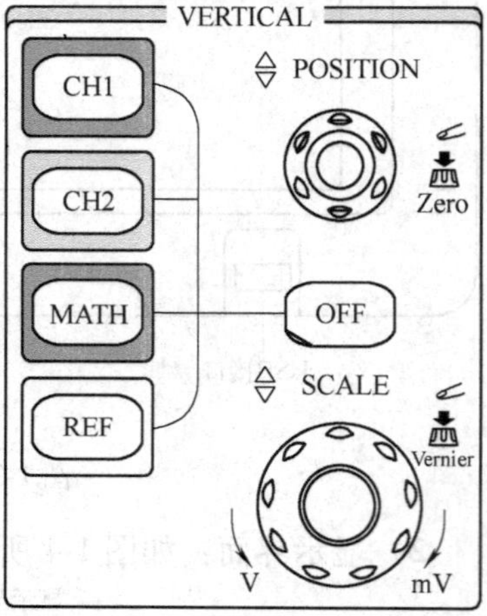

图 1-5　垂直控制系统

2. 改变垂直设置，并观察因此导致的状态信息变化

可以通过波形窗口下方的状态栏显示的信息，确定任何垂直档位的变化。转动垂直◎ SCALE 旋钮改变“VOLT/DIV（伏/格）”垂直档位，可以发现状态栏对应通道的档位显示发生了相应的变化。

按 CH1、CH2、MATH、REF 屏幕显示对应通道的操作菜单、标志、波形和档位状态信息。按 OFF 键关闭当前选择的通道。

3. Coarse/Fine（粗调/微调）快捷键

可通过按下垂直◎ SCALE 旋钮作为设置输入通道的粗调/微调状态的快捷键，调节该旋钮即可粗调/微调垂直档位。

（四）初步了解水平系统

如图 1-6 所示，在水平控制区（HORIZONTAL）有一个按键、两个旋钮。

1. 使用水平◎ SCALE 旋钮改变水平档位设置，并观察因此导致的状态信息变化

转动水平◎ SCALE 旋钮改变“s/DIV（秒/格）”水平档位，可以发现状态栏对应通道的档位显示发生了相应的变化。水平扫描速度从 2ns＊ 至 50s，以 1—2—5 的形式步进。

Delayed（延迟扫描）快捷键：水平◎ SCALE 旋钮不但可以通过转动调整“s/DIV（秒/格）”，更可以按下此按钮切换到延迟扫描状态。

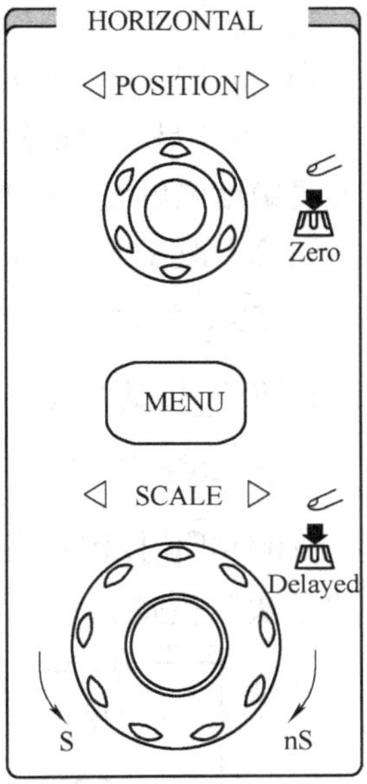

图 1-6　水平控制区

2. 使用水平◎ POSITION 旋钮调整信号在波形窗口的水平位置

水平◎ POSITION 旋钮控制信号的触发位移。当转动水平◎ POSITION 旋钮调节触发位移时，可以观察到波形随旋钮而水平移动。

触发点位移恢复到水平零点快捷键：水平◎ POSITION 旋钮不但可以通过转动调整信号在波形窗口的水平位置，还可以按下该键使触发位移（或延迟扫描位移）恢复到水平零点处。

3. 按 MENU 键，显示 TIME 菜单

在此菜单下，可以开启/关闭延迟扫描或切换 Y-T、X-Y 和 ROLL 模式，还可以设置水平触发位移复位。

触发位移：指实际触发点相对于存储器中点的位置。转动水平◎ POSITION 旋钮，可水平移动触发点。

（五）初步了解触发系统

如图 1-7 所示，在触发控制区（TRIGGER）有一个旋钮、三个按键。

1. 使用◎ LEVEL 旋钮改变触发电平设置

转动◎ LEVEL 旋钮，可以发现屏幕上出现一条桔红色的触发线以及触发标志，随旋钮转动而上下移动。停止转动旋钮，此触发线和触发标志会在约 5s 后消失。在移动触发线的同时，可以观察到在屏幕上触发电平的数值发生了变化。

触发电平恢复到零点快捷键：旋动垂直旋钮不但可以改变触发电平值，还可以通过按下该旋钮作为设置触发电平恢复到零点的快捷键。

2. MENU 按键

使用 MENU 键调出触发操作菜单如图 1-8 所示，改变触发的设置，观察由此造成的状态变化。

1）按 1 号菜单操作按键，选择边沿触发。

2）按 2 号菜单操作按键，选择“信源选择”为CH1。

3）按 3 号菜单操作按键，设置“边沿类型”为上升沿。

4）按 4 号菜单操作按键，设置“触发方式”为自动。

5）按 5 号菜单操作按键，进入“触发设置”二级菜单，对触发的耦合方式，触发灵敏度和触发释抑时间进行设置。

注意：改变前三项的设置会导致屏幕右上角状态栏的变化。

3. 50% 按键

按 50% 按键，设定触发电平在触发信号幅值的垂直中点。

4. FORCE 按键

按 FORCE 按键：强制产生一个触发信号，主要应用于触发方式中的“普通”和“单次”模式。

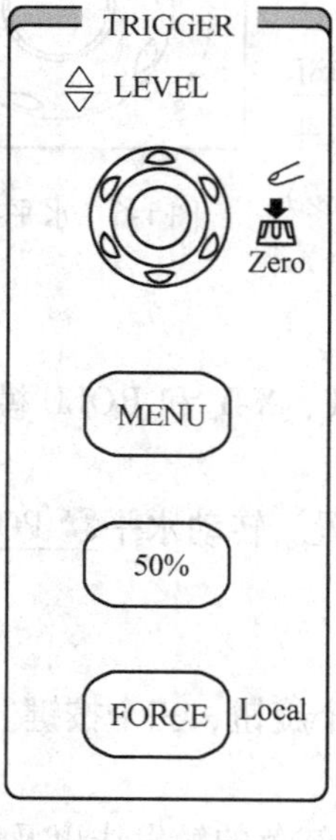

图 1-7 触发控制区

图 1-8 触发操作菜单

第二节 函数信号发生器

一、SG1646 多功能函数信号发生器

本仪器是一种多功能、6 位数字显示频率、3 位数字显示幅值，并具有功率输出的函数信号发生器。它能直接产生正弦波、三角波、方波、脉冲波、TTL 直流电平。其中正弦波具有最大为 10W 的功率输出，并具有短路保护功能；还具有压控

输入控制、直流电平连续调节和频率计外接测频等功能；频率范围宽，最高可达2MHz；方波前沿小于100ns。

（一）SG1646多功能函数信号发生器的原理

SG1646多功能函数信号发生器的原理框图如图1-9所示。在电压控制器 A_1 的作用下，正、负两个恒流源交替对电容C充电、放电，由于两个恒流源的电流相等，因此电容上的电压波形就是对称的三角波。经电压比较器，得到和三角波频率相等的方波。将三角波信号经过一组由二极管矩阵组成的正弦波整形器，利用二极管的非线性将三角波转换成正弦波，然后将信号送入由高速运算放大器组成的放大器 A_2 放大、输出。

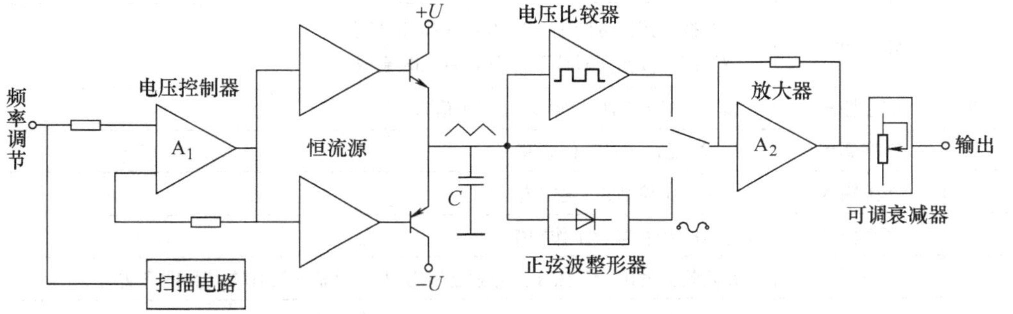

图1-9 SG1646多功能函数信号发生器的原理框图

（二）SG1646多功能函数信号发生器面板及使用说明

1. SG1646多功能函数信号发生器面板

面板包括数码管显示、计数、波形选择、频率选择、幅度选择、电压输出等部分，功能如表1-3所示，面板结构如图1-10所示。

表1-3 多功能函数信号发生器面板各开关及旋钮的功能

序号	名　称	功　能
1	波形选择	（1）输出波形选择 （2）波形选择脉冲波时，可与“24”配合使用改变脉冲占空比
2	频率倍乘	频率倍乘开关与“18”、“20”配合选择频率
3	mVp-p	指示幅度单位，灯亮有效
4	Vp-p	指示幅度单位，灯亮有效
5	三位数LED	指示电压的输出幅度，在不按输出衰减状态，功率输出幅度可参考此值
6	Hz	指示频率单位，灯亮有效
7	kHz	指示频率单位，灯亮有效
8	六位数LED	数字LED，所有内部产生频率或外测时的频率均由此6个LED显示
9	闸门	此灯闪烁，说明频率计正在工作

（续）

序号	名　　称	功　　能
10	溢出	当频率超过 6 个 LED 所显示的范围时灯亮
11	电源	按下开关，电源接通，频率计显示
12	闸门选择	此四档键为频率计的闸门选择，选择不同的闸门，可反应出频率显示精度
13	计数	（1）频率计内测和外测频率信号（按下）选择 （2）外测频率信号衰减选择，按下时信号衰减 -20dB
14	计数输入	外测频率时，信号由此输入
15	电压输出	电压输出波形由此输出，阻抗 50Ω
16	衰减（dB）	（1）按下按钮可产生 -20dB 或 -40dB 衰减 （2）两个按钮同时按下可产生 -60dB 衰减
17	同步输出	输出波形为 TTL 脉冲，可作同步信号
18	频率调节	与“2”配合选择工作频率
19	压控输入	外接电压控制频率输入端
20	频率微调	与“18”配合微调工作频率
21	50Hz 输出	此高频头输出为正弦波信号独立输出，与振荡输出可作李萨如图形实验
22	直流偏置	拉出此旋钮可设定任何波形电压输出的直流工作点，顺时针方向为正，逆时针为负，将此旋钮推进则直流为零
23	正弦波功率输出	（1）当波形选择为正弦波时，由正弦波输出 （2）当选择其他波形时输出为零 （3）当 $f>200$kHz 时，电路会保护而无输出
24	占空比	当“1”选择脉冲时，改变此电位器可以改变脉冲的占空比
25	幅度	调节幅度电位器可以同时改变电压输出和正弦波功率输出幅度

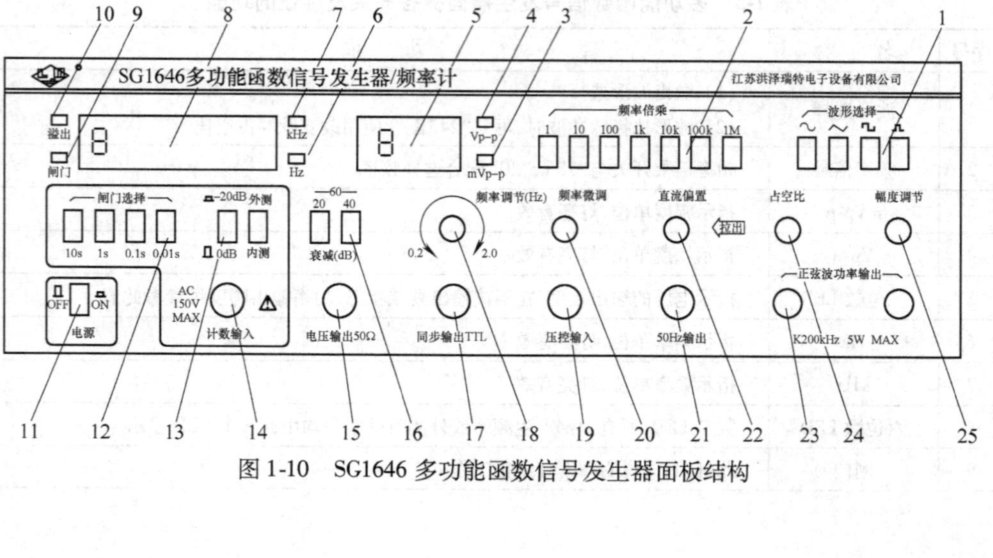

图 1-10　SG1646 多功能函数信号发生器面板结构

2. SG1646 多功能函数信号发生器的使用说明

1）电源开关按下。

2）波形选择：按下所需选择的波形功能开关。

3）当需要脉冲信号时，拉出并转动占空比调节开关，调节占空比，其他状态时关掉。

4）当需要小于 1V（峰-峰）信号时，按下衰减器。

5）调节幅度旋钮至需要的输出幅度。

6）调节直流偏置旋钮至需要设置的电平值，即在交变信号上叠加直流分量，当和占空比调节开关同时使用时，可得到正、负脉冲。其他状态时关掉，直流电平为零。

7）当需要 TTL 信号时，从同步输出端输出，此电平将不随功能开关改变。

8）当需要外测频率时，将被测信号输入本机的计数输出端，按下外测键，根据外测频率选择合适的闸门时间。

9）当需要功率输出时，从电压输出端引出信号即可。

（三）SG1646 多功能函数信号发生器使用注意事项

1）输出端不能短路。置为电压源，信号发生器本身的输出阻抗最小，理想情况下输出阻抗等于零。由 $I=E/R$ 可知，当仪器输出端短路时，内部将有一个很大的电流通过，甚至可能烧毁仪器。

2）输出信号电压的低端（地端）要与被测短路的地端连接，以免引起杂波干扰。

二、GFG8216A 函数信号发生器

该函数信号发生器可产生高达 5MHz 的频率信号，为一种低失真、高稳定度的仪器。它还拥有对数与线性扫描的特性，融合内建式频率计数器的功能。GFG8216A 函数信号发生器面板布局如图 1-11 所示。

面板介绍

1—POWER（电源）键。

2—指示灯。电源开关一按下，此指示灯就会开始闪烁，在内部计数时的 Gate Time 时间为 0. 01s。

2a—在使用外部计数模式时，按此键来改变 Gate Time，其改变顺序以 0. 01s，0. 1s，10s 的周期进行。

3—溢出指示。在外部计数时，假如输入信号频率大于计数范围，Over Indicator 的灯会亮。

4—以 6 ×0. 3 吋绿色的 LED 显示出外部输入信号的频率。内部则以 5 ×0. 3 吋绿色的 LED 显示。

5—显示出频率的值。

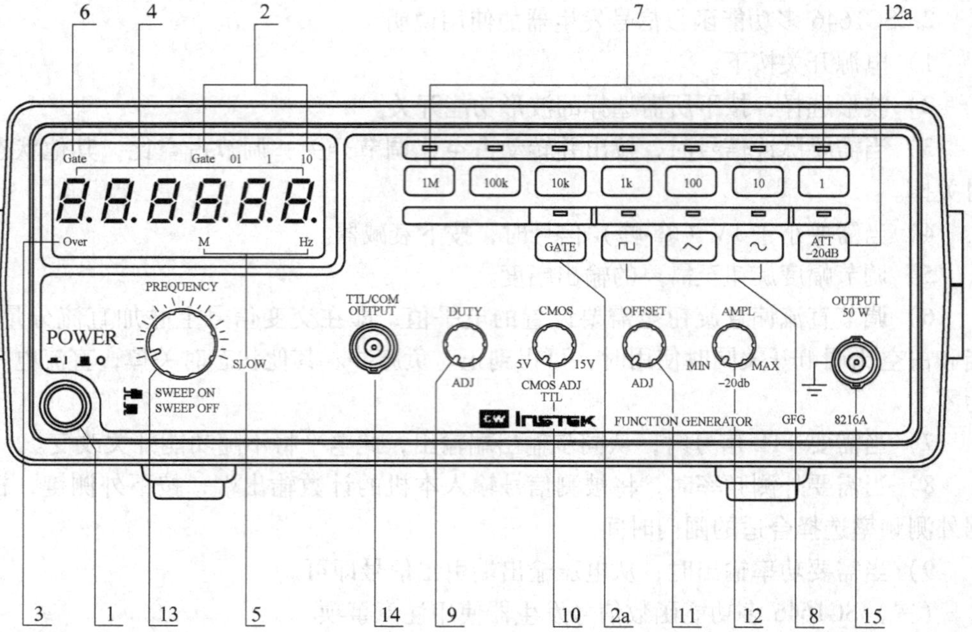

图 1-11　GFG8216A 函数信号发生器面板布局

6—显示出目前电流的 Gate Time（只用于外部计数模式）。

7—频率选择键。在面板中选择所需之频率键，各个按键的频率范围表示如表 1-4 所示。

表 1-4　频率范围选择键

按键	1	10	100	1k	10k	100k	1M
频率范围	0. 3Hz ~ 3Hz	3Hz ~ 30Hz	30Hz ~ 300Hz	300Hz ~ 3kHz	3kHz ~ 30kHz	30kHz ~ 300kHz	300kHz ~ 3MHz

8—输出波形选择键。按下三个键其中之一，可选择适当的波形输出。

9—输出波形工作周期调整按钮。拉起旋钮并旋转可以调整输出波形的工作周期。

10—TTL/COMS 旋钮。按下旋钮⑩，BNC 接头⑭可输出 TTL 兼容之波形。拉起并旋转此旋钮，可从输出 BNC 接头⑭调整 5 ~ 15Vp-p CMOS 输出。

11—直流准位调节旋钮。拉起此旋钮时，可在 ±10V 之间选择任何直流准位加于信号之输出。以顺时针旋转时，可设定正直流准位，逆时针旋转时，可设定负直流准位。

12—输出调节旋钮。顺时针旋转时可获得其最大输出值，逆时针旋转时可取得

-20dB 之输出。拉起此旋钮时亦可观察到 20dB 衰减输出。

12a—按下此按钮，可取得 -20dB 之输出。

13—频率调节旋钮。按下旋钮⑬顺时针旋转可得频率最大值。逆时针旋转可得频率最小值。拉起旋钮，开始自动扫描功能，最高扫描频率的限制由旋钮的旋转位置来决定。

14—TTL/COMS 兼容的信号输出端。

15—主要信号波形输出端。

第三节　数字交流毫伏表

DF1930 和 DF1932 数字交流毫伏表是通用型智能化的全自动数字交流毫伏表。适用于测量频率 5Hz ~ 2MHz，电压 100μV ~ 400V 的正弦波有效值电压。具有测量精度高、测量速度快、输入阻抗高、频率影响误差小等优点。具备自动/手动测量功能，同时显示电压和 dB/dBm 值，以及量程和通道状态，显示清晰直观，使用方便。

一、DF1930 数字交流毫伏表面板结构及技术参数

（一）面板结构

DF1930 数字交流毫伏表面板结构如图 1-12 所示。各开关、按钮功能如下：

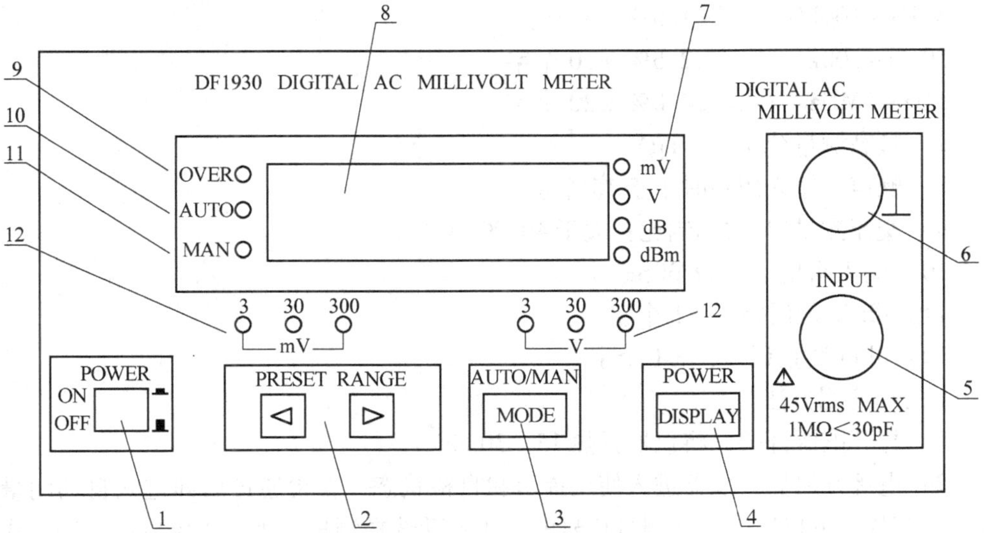

图 1-12　DF1930 数字交流毫伏表面板结构

1—POWER（电源）开关。

2—量程切换按键，用于手动测量时量程的切换。

3—AUTO/MAN 自动、手动测量选择按键。

4—V/dB/dBm 用于 V/dB/dBm 选择按键。

5—测量信号输入端。

6—测量信号接地端。

7—实际测量输入信号电压的单位或 dB/dBm 值。

8—测量数据显示窗口，显示输入信号电压值。

9—OVER 过量程/欠量程指示灯。当手动或自动测量方式时，读数超过 3999 时该指示灯闪烁表示过量程。读数低于 300 时该指示灯闪烁表示欠量程。

10—AUTO 自动量程指示灯。当自动测量方式时，该指示灯亮。

11—MAN 手动量程指示灯。当手动测量方式时，该指示灯亮。

12—用于显示当前的测量量程。

（二）主要技术参数

1）电压测量范围：100μV～400V

2）dB 测量范围：－79dB～50dB

3）dBm 测量范围：－77dBm～52dBm

4）测量量程：3mV、30mV、0.3V、3V、30V、300V

5）频率范围：5Hz～2MHz

6）最小测量误差：（1kHz 为基准，20°C 环境温度下）

50Hz～100kHz	±1.5% ±8 个字
20Hz～500kHz	±2.5% ±10 个字
5Hz～5MHz	±4.0% ±20 个字

7）最高测量分辨率：1μV

8）噪声：输入短路时小于 15 个字

9）交流测量串/共抑制比：大于 40/90dB

10）输入阻抗：1MΩ/30pF

11）dB 测量误差：±1 个字

12）dBm 测量误差：±1 个字

（三）使用方法

1）打开电源开关，将仪器预热 15～30min。

2）电源开启后，仪器进入使用提示和自检状态，自检通过后即进入自动测量状态。该状态下仪器能根据测量信号的大小自动选择测量量程。当仪器在自动方式下且量程处于 300V 档时，若 OVER 灯亮表示过量程，说明输入信号过大，超过了仪器的使用范围。

3）当仪器设置为手动方式时，用户可根据仪器的提示设置量程。若 OVER、MAN、单位指示灯或 dB/dBm 灯闪烁表示过量程，应该手动切换到上一量程，若只有 OVER 指示灯闪烁表示欠量程，应该手动切换到下一量程。

4）当仪器设置为手动测量方式时，从输入端加入被测信号后，只要量程选择恰当，测量数据能立即显示出来。当仪器设置为自动测量方式时，由于进行量程的自动判断，读数显示略慢于手动测量方式。在自动测量方式时，允许用手动量程按键设置量程。

5）仪器在自动测量过程中，进行量程切换时会出现瞬态的过量程现象，此时只要输入电压不超过最大量程，片刻后读数即可稳定下来。

二、DF1932 数字交流毫伏表

DF1932 数字交流毫伏表面板结构如图 1-13 所示，各开关、按钮功能如下：

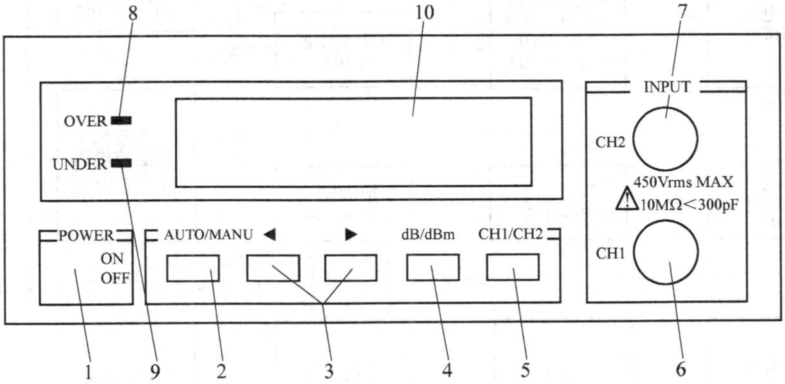

图 1-13　DF1932 数字交流毫伏表面板结构

1—POWER（电源）开关。

2—AUTO/MAN 自动、手动测量选择按键。

3—量程切换按键，用于手动测量时量程的切换。

4—V/dB/dBm 用于 V/dB/dBm 选择按键。

5—CH1/CH2 通道选择按键。

6—测量信号输入端 CH1。

7—测量信号输入端 CH2。

8—OVER 过量程/欠量程指示灯。当手动或自动测量方式时，读数超过 3999 时该指示灯闪烁表示过量程。

9—UNDER 欠量程指示灯。读数低于 300 时该指示灯闪烁。

10—测量数据显示窗口，显示输入信号电压值。

第四节　MPS3002L—3 型双路直流稳压电源

MPS3002L—3 可调式直流稳压电源是一种具有输出电压与输出电流均连续可

调、稳压与稳流自动转换的高稳定性、高可靠性、高精度的多路直流电源。本系列直流电源为 LED 显示，可同时显示输出电压和电流值，且所有规格都具有一组固定 5V、3A 输出。

一、MPS3002L—3 型双路直流稳压电源基本组成原理

MPS3002L—3 型双路直流稳压电源是由滤波电路、辅助电源电路、基准电压电路、电压和电流比较放大电路、调整电路及电压电流取样电路等组成。其原理框图如图 1-14 所示。

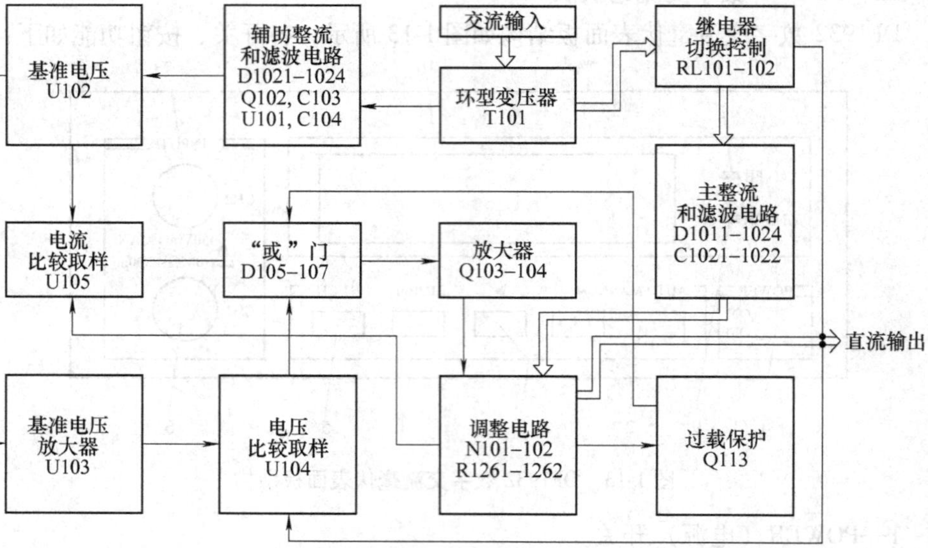

图 1-14　MPS3002L—3 型双路直流稳压电源原理框图

二、MPS3002L—3 型双路直流稳压电源面板结构及技术参数

（一）面板结构

MPS3002L—3 型双路直流稳压电源的面板结构如图 1-15 所示。

（二）面板说明

面板结构图中所示各标志说明及功能如下：

1—表头 V：显示主动路的输出电压。

2—表头 2A：显示主动路的输出电流。

3—表头 V：显示从动路的输出电压。

4—表头 4A ：显示从动路的输出电流。

5—VOLTAGE 调节旋钮：调整主动路输出电压。并在并联或串联追踪模式时，用于从动路最大输出电压的调整

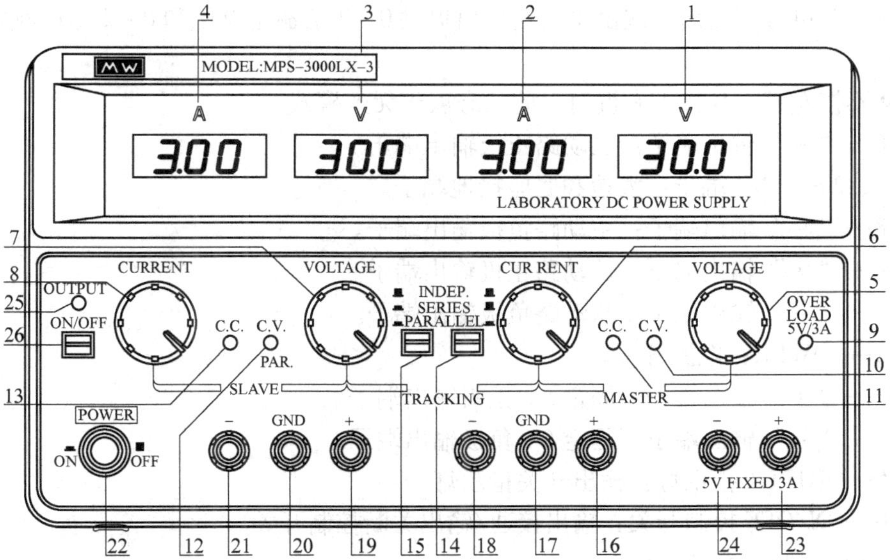

图 1-15　MPS3002L—3 型双路直流稳压电源面板结构

6—CURRENT 调节旋钮：调整主动路输出电流。并在并联模式时，用于从动路最大输出电流的调整。

7—VOLTAGE 调节旋钮：用于独立模式的从动路输出电压的调整。

8—CURRENT 调节旋钮：用于从动路输出电流的调整。

9—OVERLOAD 指示灯：当固定 5V 输出负载大于额定值时，此灯就会亮。

10—C. V. 指示灯：当主动路输出在恒压源状态，或在并联、串联追踪模式下的恒压源状态时，此灯就会亮。

11—C. C. 指示灯：当主动路输出在恒流源状态时，此灯就会亮。

12—C. V. 指示灯：当从动路输出在恒压源状态时，此灯就会亮。

13—C. C. 指示灯：当从动路输出在恒流源状态时，或在并联追踪模式下的恒流源状态时，此灯就会亮。

14、15—TRACKING：这两个按键可选择 INDEP（独立）、SERIES（串联）或 PARALLEL（并联）的追踪模式，追踪模式按键请依据以下操作方式：

● 当两个按键都未按下时，是在 INDEP（独立）模式，主动路和从动路的输出分别独立。

● 只按下左键，不按右键时，是在 SERIES（串联）追踪模式。在此模式下，主动路和从动路的输出最大电压完全由主动路电压控制。此时主动路和从动路两个输出端子可提供 0 ~ 2 倍的额定电压。

● 两个键同时按下时，是在 PARALLEL（并联）追踪模式。在此模式下，主动路和从动路可分别输出，或由主动路输出提供0～2倍额定电压和0～2倍的额定电流输出。

● 不按左键，只按下右键时，此状态属于无效模式。

16—“+”输出端子：主动路正极输出端子。

17、20—GND端子：大地和底座接地端子。

18—“-”输出端子：主动路负极输出端子。

19—“+”输出端子：从动路正极输出端子。

21—“-”输出端子：从动路负极输出端子。

22—POWER：电源开关。

23—“+”输出端子：固定5V正极输出端子。

24—“-”输出端子：固定5V负极输出端子。

25—OUTPUT指示灯：输出开关指示灯。

26—ON/OFF控制开关：输出接通/输出关断控制开关。

（三）主要技术参数

（1）交流输入及测试条件

输入电压：220×(1±10%)VAC，50±2Hz

测试条件：温度10～35℃，相对湿度≤75%

（2）主、从路的输出范围与主要技术指标

额定输出电压：2×(0～30)V（连续可调）

额定输出电流：2×(0～2)A（连续可调）

保护：电流限制及极性反向保护

（3）固定输出电源

额定输出电压：5±0.25V

最大额定输出电流：2A

电源效应：≤5mV

负载效应：≤15mV

纹波与噪声：≤2mVrms（5Hz～1MHz）

保护：具有输出限制及短路保护功能

（四）使用方法

1. 双路可调电源独立模式

电源独立模式的接线方式，如图1-16所示。

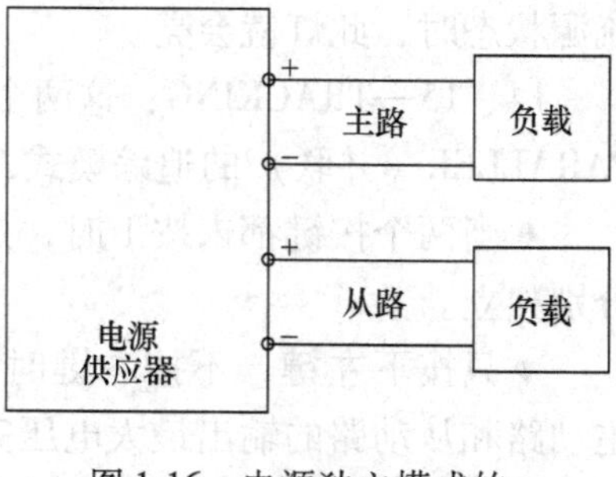

图1-16 电源独立模式的接线方式

1）将开关15（见图1-15所示）和14分别置于弹起位置（即⊥位置）。

2）作为稳压源使用时，先将旋钮6和8顺时针调至最大，开机后，分别调节5与7，使主、从动路的输出电压至需求值。

3）作为恒流源使用时，开机后先将旋钮 5 与 7 顺时针调至最大，同时将 6 与 8 逆时针调至最小，接上所需负载，调节 6 与 8，使主、从动路的输出电流分别至所要的稳流值。

4）限流保护点的设定：开启电源，将旋钮 6 与 8 逆时针调至最小，并顺时针适当调节 6 与 7，将输出端子 16 与 18、19 与 21 分别短接，顺时针调节旋钮 6 与 8 使主、从动路的输出电流等于所要求的限流保护点电流值，此时保护点就被设定好了。

2. 双路可调电源串联使用（略）

1）单电源串联模式的接线方式，如图 1-17 所示。

2）正负双电源串联模式的接线方式，如图 1-18 所示。

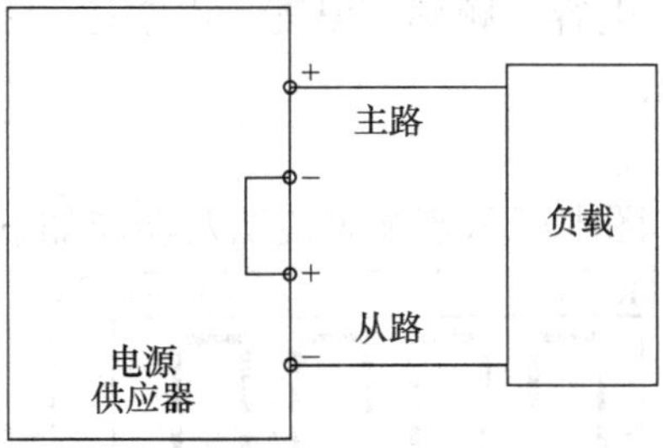

图 1-17　单电源串联模式的接线方式

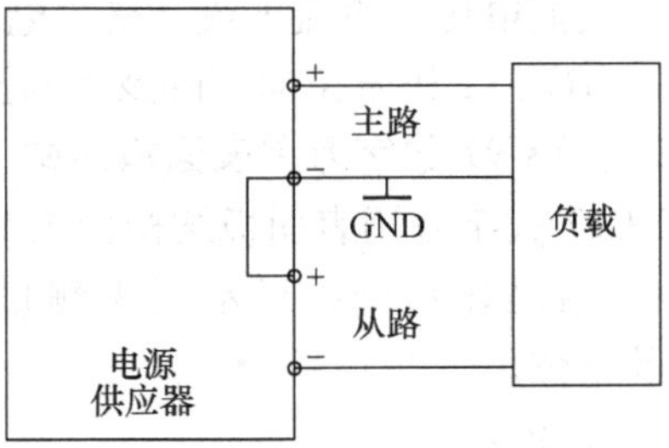

图 1-18　正负双电源串联模式的接线方式

3. 双路可调电源并联使用（略）

双路可调电源并联模式的接线方式，如图 1-19 所示。

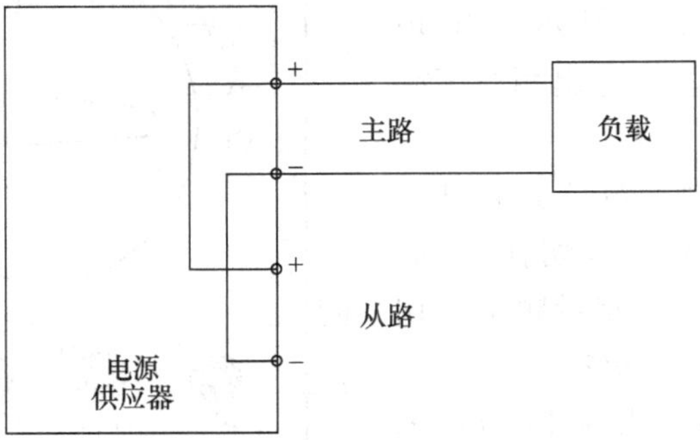

图 1-19　电源并联模式的接线方式

（五）注意事项

1. 异常操作：本设备的电源具有完善的限流保护功能，当输出端发生短路时，输出电流将被限制在最大限流点而不会再增加，但此时功率管上仍有功率损耗，故一旦发生短路或负荷现象，应及时关掉电源并及时排除故障，使机器恢复正常工作！且不可将输出端连续瞬间短路，以免损坏机器内部电路。

2. 使用完毕后，关闭电源开关，并保持清洁。若长期不使用，应将电源插头拔下，且避免其他仪器或易燃物置放于本设备上。

第五节 万 用 表

一、VC97 数字万用表

VC97 是一种读数精确、性能稳定可靠的 $3\frac{3}{4}$ 位数字万用表，可用来测量直流电压、交流电压、直流电流、交流电流、电阻、电容、频率、温度、占空比、晶体管 h_{FE}（β）、二极管正向压降及通断测试等参数。

二、VC97 数字万用表面板结构

VC97 数字万用表面板结构如图 1-20 所示，图中所示各标志说明及功能如下：

1—液晶显示屏：显示仪表测量的数值及单位。

2—功能键：

2-1—HOLD 键：按下此键，仪表当前所测数值保持在液晶显示屏上，显示屏出现“HOLD”符号，再按一次，退出保持状态。

2-2—REL 键，按下此键，读数清零，进入相对值测量，显示屏出现“RE”符号，再按一次，退出相对值测量状态。

2-3—Hz/DUTY 键：测量交流电压（电流）时，按下此键，可切换频率、占空比、电压（电流），测量频率时切换频率、占空比（1% ~99%）。

2-4 SELECT 键：选择 DC 和 AC 工作方式。

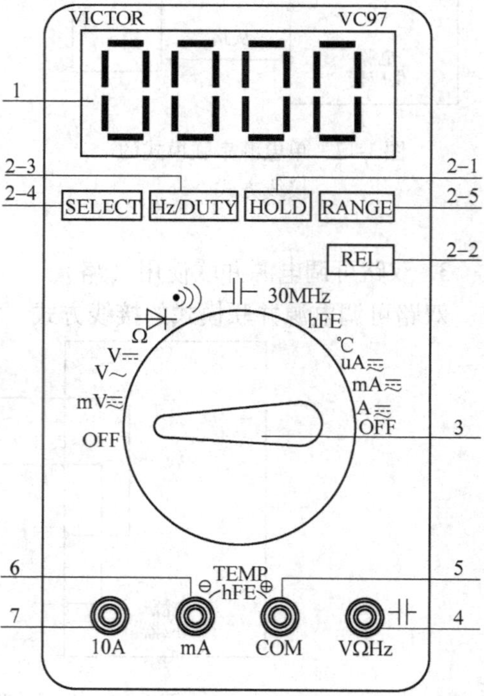

图 1-20 VC97 数字万用表面板结构

2-5 RANGE 键：选择自动量程和手动量程工作方式。仪表初始为自动状态，显示“AUTO”符号，按下此键切换为手动量程，按一次增加一档，由到高依次循环。持续按下此键长于 2s，回到自动量程状态。

3—旋钮开关：用于改变测量功能及量程。

4—电压、电阻、频率插座。

5—公共地。

6—小于400mA电流测量插座。

7—10A电流测量插座。

三、VC97数字万用表技术指标

1）直流基本精度：$\pm\left(3\frac{3}{4}位\right)$，±0.5%。

2）最大显示值3999 $\pm\left(3\frac{3}{4}位\right)$，±0.5%。

3）读数显示率2~3次。

4）极性、小数点、单位符号自动定位，超量程最高位显示“OL”。

5）具有自动关机功能。

四、VC97数字万用表使用方法

（一）直流电压测量

将黑表笔插入“COM”插孔，红表笔插入“VΩHz”插孔。

1）将功能开关转至“V ⎓”档，选择DC测量方式。

2）仪表初始为自动量程状态，显示“AUTO”符号，按“RANGE”键切换为手动量程方式，可选400mV、4V、40V、400V、1000V量程。

3）测试表笔接触测试点，红表笔所接的该点电压与极性显示在屏幕上。

（二）交流电压测量

1）将黑表笔插入“COM”插孔，红表笔插入“VΩHz”插孔。

2）将功能开关转至“V ~”档，选择AC测量方式。

3）仪表初始为自动量程状态，显示“AUTO”符号，按“RANGE”键切换为手动量程方式，须将量程切换至高一档。

4）将测试表笔接触测试点，红表笔所接的该点电压与极性显示在屏幕上。

交、直流电压测量时应注意：

1）手动量程方式如LCD显示：“OL”表明已超量程范围，需将“RANGE”键切换至高一档。

2）当测量高电压电路时，千万注意避免触及高压电路。

（三）交、直流毫伏电压测量

1）将黑表笔插入“COM”插孔，红表笔插入“VΩHz”插孔。

2）将功能开关转至“mV ≂”档。按“SELECT”键，切换显示AcmV、DC-mV，超过400mV的交、直流电压时切勿用此档进行测量；此档仪表无自动量程符号“AUTO”，只有电压不大于400mV时方可用此档测量。

3）当LCD显示：“OL”表明已超量程范围，需切换到相应自动量程的AUTO电压档去测量。

（四）交、直流电流测量

1）将黑表笔插入“COM”插孔，红表笔插入“mA”（最大400mA）或“10A”（最大10A）插孔中。

2）将功能开关转至电流档，按“SELECT”键，选择DC、AC测量方式，然后将仪表的表笔串入电路中，被测电流值及红表笔的电流极性将同时显示在屏幕上。

注意：

①如果事先对被测电流范围不太清楚，应将量程开关置于最高的档位，然后根据显示值切换至相应档位上。

②如LCD显示：“OL”表明已超量程范围，需将量程切换至高一档。

③输入电流400mA或者10A（视红表笔插入位置而定），超过额定的电流会将熔丝熔断，甚至损坏仪表。

④禁止在“COM”与“mA”或“A”端输入高压36V直流或25V交流峰值电压。

（五）电阻测量

1）将黑表笔插入“COM”插孔，红表笔插入“VΩHz”插孔。

2）将功能开关转至“Ω”电流档，将两个表笔跨接在被测电阻上。

3）按动“RANGE”键选择自动或手动量程方式。

4）如果被测电阻值太小，应先将表笔短路，按“REL”键一次，然后再测量未知电阻，这样才能显示电阻的实际值。

注意：

①使用手动量程测量方式时，如果事先对被测电阻范围不太清楚，应将量程开关置于最高的档位。

②如LCD显示：“OL”表明已超量程范围，需将量程切换至高一档。当测量电阻超过1MΩ以上时，读数需几秒时间才能稳定，这在测量高阻值电阻时是正常的。

③当输入端开路时，则显示过载情形“OL”。

④测量在线电阻时，要确认被测电路所有电源已关断且所有电容都已完全放电完毕，才可进行测量。

⑤切勿在电阻档输入电压。

（六）电容测量

1）将黑表笔插入“COM”插孔，红表笔插入“VΩHz”插孔。

2）将功能开关转至“—||—”电容档。

3）如果显示屏显示不为零，按一次“REL”键进行清零。

4）将被测电容对应极性插入测试表笔“VΩHz”（注意：红表笔极性为

“+”）被测电容负端插入“COM”插孔、屏幕将显示电容容量。

注意：

①每次测试，必须按一次“REL”键清零，才能保证测量准确度。

②电容档仅有自动量程工作方式。

③测量前，对被测电容进行完全放电，以防止损坏仪器。

④200μF 量程输入读数稳定大于 15s。

（七）测量晶体管 h_{FE}

1）将功能开关转至“h_{FE}”档。

2）决定所测晶体管为 NPN 型或 PNP，将发射极、基极、集电极分别插入相应插孔，显示器显示晶体管放大倍数近似值。

（八）二极管通、断测试

1）将黑表笔插入“COM”插孔，红表笔插入“VΩHz”插孔（注意红表笔极性为“+”）。

2）将功能开关转至“—▶|—”或“•)))”电流档。

3）正向测量：将红表笔接在被测二极管正极，黑表笔接在被测二极管负极，显示屏即显示二极管正向压降。

4）反向测量：将红表笔接在被测二极管负极，黑表笔接在被测二极管正极，显示屏显示“OL”。

5）完整的二极管测试包括正反向测量，如果测试结果与上述不符，说明二极管是坏的。

6）通断测试：将红、黑两表笔接在被测线路的两端点，电阻值小于 50Ω 时，则内置蜂鸣器发声。

注意：

①请勿在“—▶|—”或“•)))”档输入电压。

②不要将高于 1000V 直流或 750V 交流峰值电压接入。

③不要使用电流档、电阻档、二极管档以及蜂鸣器档测量电压值。

第六节 数字电路实验逻辑箱

一、数字电路实验逻辑箱的结构

数字电路实验逻辑箱的结构如图 1-21 所示。

二、技术指标

1）电源：

输入：AC220V(1±10%)V

输出：直流 +5V/1A，+15V/0.5A，−15V/0.5A

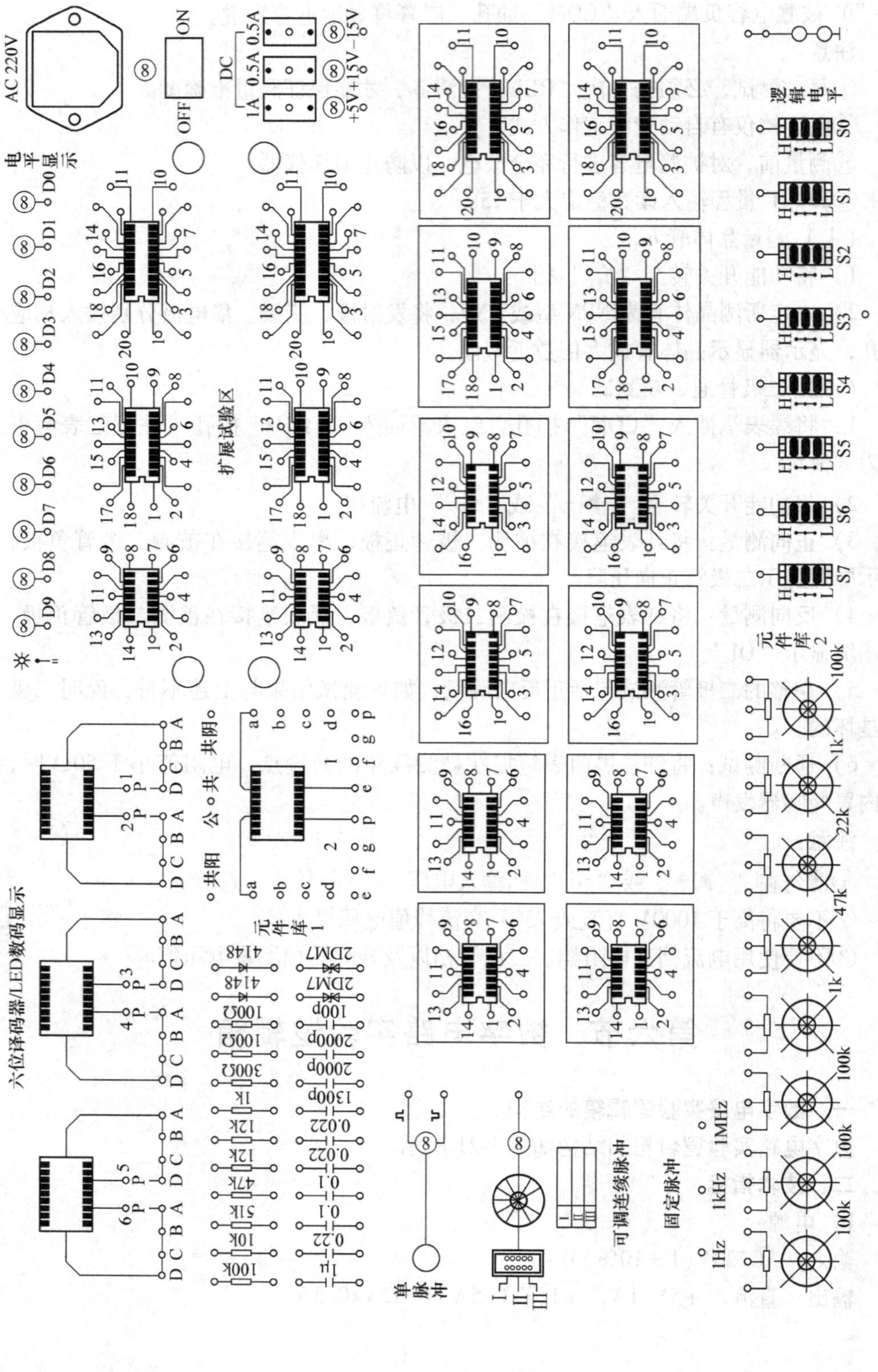

图1-21 数字电路实验逻辑箱的结构

2）信号源：

单脉冲：为消脉冲抖动，可同时输出正负两路脉冲，前后沿≤20ns，脉冲宽度≤0.2μs，脉冲幅值为TTL电平。

连续脉冲：一组为三路固定频率方波，频率分别为1Hz、1kHz、1MHz；另一组为100Hz～1MHz连续可调方波，分三档由开关切换，两组输出为TTL电平。

3）逻辑电平：独立逻辑电平开关。可输出“0”、“1”电平，置于H时输出为+5V，置于L时输出为0V。

电平指示：逻辑电平显示共10位由红色LED及驱动电路组成，当正逻辑“1”电平送入时LED亮，反之则不亮。

4）数码管显示：带译码器的数码管每组两位由7段LED数码管及二-十进制译码器组成。

三、使用方法

1）将标有220V的电源线插入市电插座，接通开关，面板指示灯亮，表明实验逻辑箱电源工作正常。

2）连接线：本机采用可叠插式专用插接线，连接牢固可靠，且可一点叠插，插入时顺时针向下旋转即可锁紧，拔出时逆时针向上旋转。

注意：拔出时不要直接拉导线，以免断线。

①面板上IC插座均未接电源，实验时应按插入IC的引脚接好相应电源线才能正常工作。

②IC插入插座前应调整好双列引线间距，仔细对准插座后均匀压入，拔出时需用螺钉旋具从两边轻轻翘起，或用起拔器。

③实验前应阅读指导书，在断开电源开关状态下，按实验线路接好连接线（实验中用到可调直流电源时，应在该电源调到实验值时再接到实验线路中），检查无误后再接通主电源。

④实验时要更改接线或元器件，应先关掉电源开关，插错或多余的线要拔去，不能一端插在电路上，另一端悬空，防止碰到电路其他部分。

3）特别注意：

①为保证实验顺利进行，要注意所用集成电路的使用规则，特别是对输入空端或多余电路单元要按规定接相应的电平。

②DC±15V电源不用时请去掉熔断器，以免误接时造成逻辑箱内部电路损坏。

第七节　电工电子技术实验台

一、电工技术实验台装置

1）电工技术实验台装置如图1-22所示。

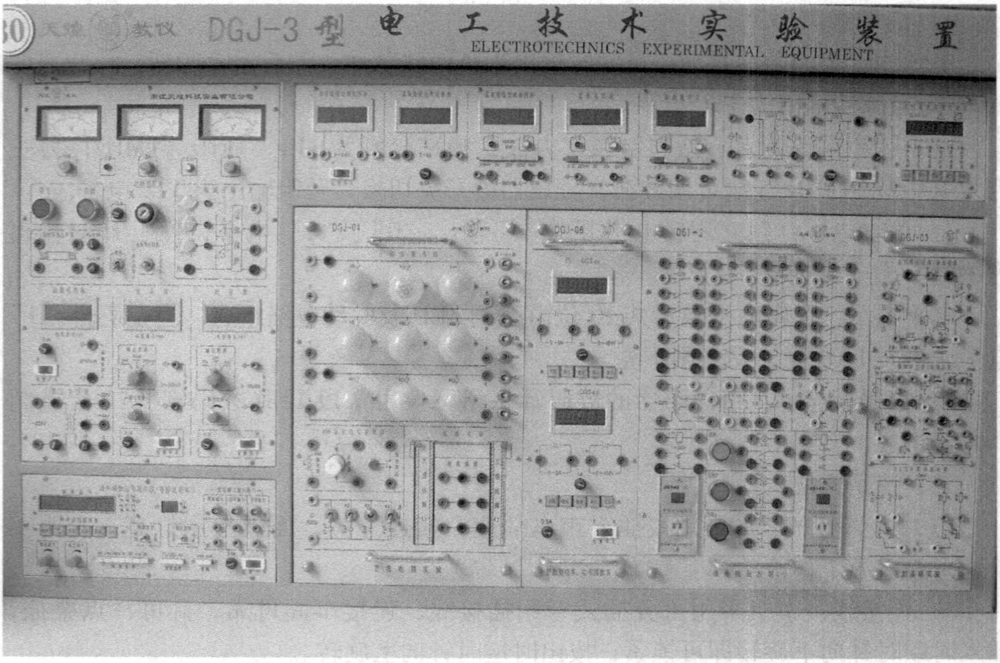

图 1-22 电工技术实验台

2）电工技术实验台功能简图，如图 1-23 所示。

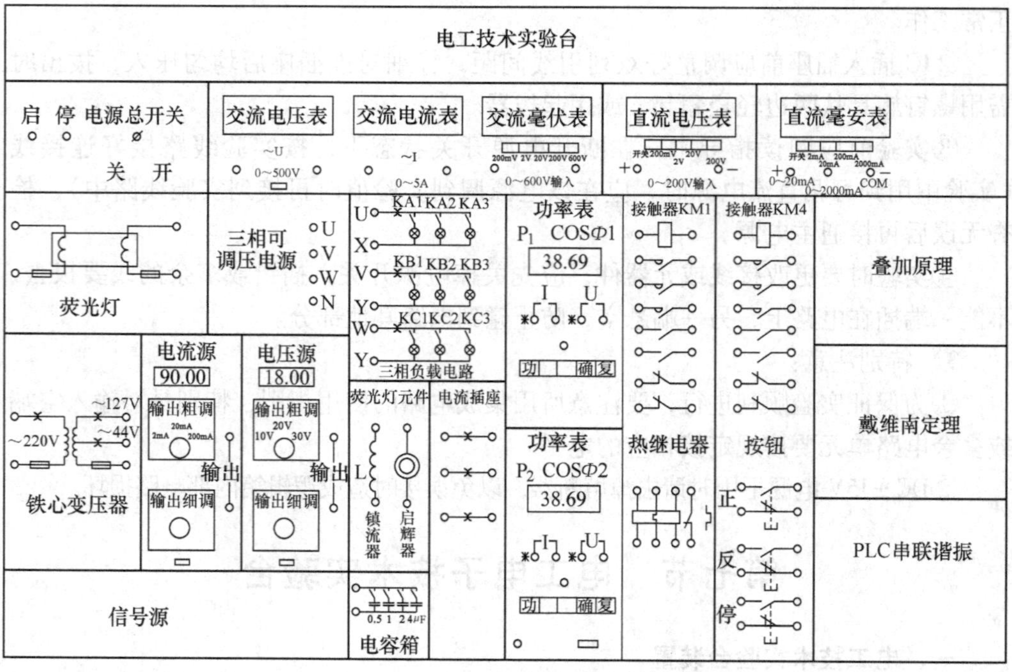

图 1-23 电工技术实验台功能简图

二、模拟电路实验台装置

1）模拟电路实验台如图 1-24 所示。

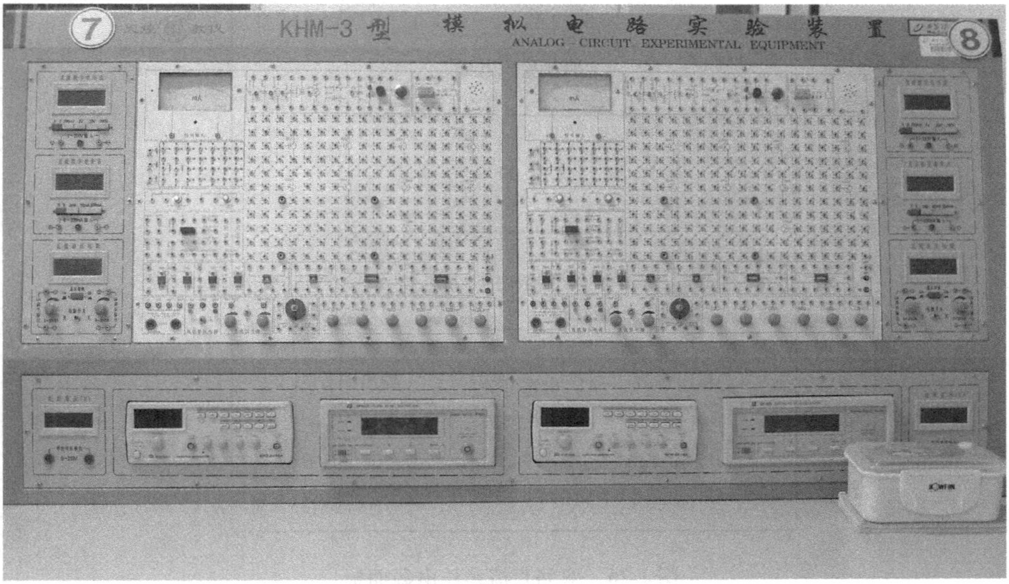

图 1-24　模拟电路实验台

2）模拟电路实验台功能简图，如图 1-25 所示

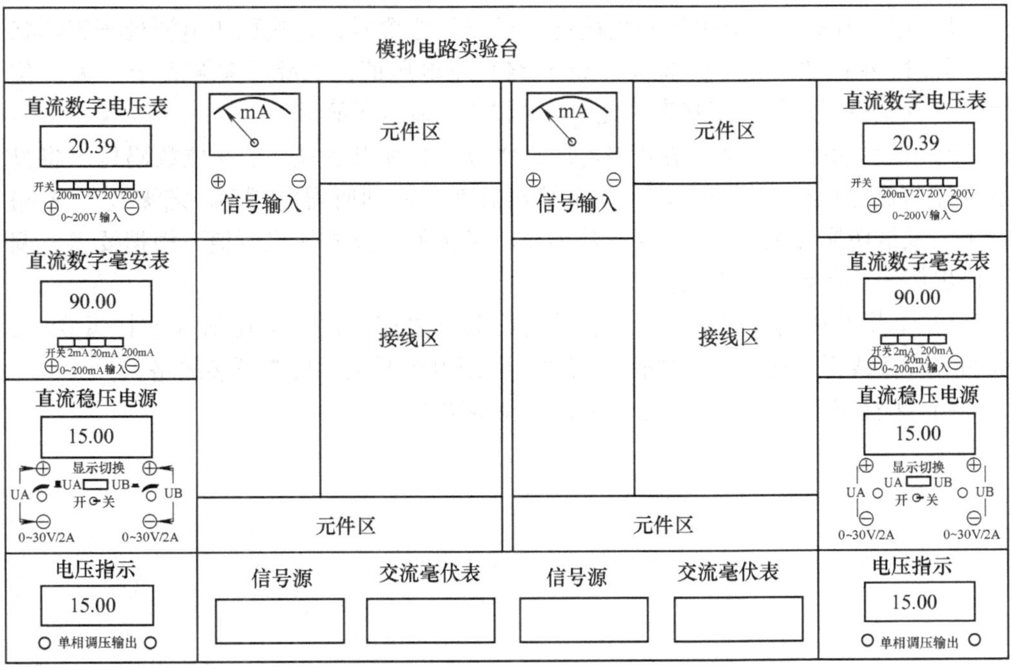

图 1-25　模拟电路实验台功能简图

附：图 1-26 所示为模拟电路实验台双路直流稳压电源面板。

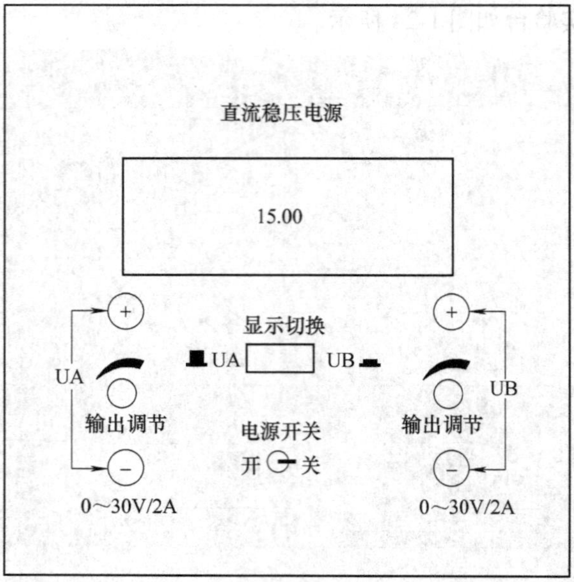

图 1-26　双路直流稳压电源面板

双路直流稳压电源使用方法：

1）电源开关：当此电源开关被置于“开”位置时，直流稳压电源处于工作状态，此时，4 位数码显示所选 A 路或 B 路直流电压值；电源开关被置于“关”位置时，直流稳压电源关闭状态，此时，4 位数码显示无显示。

2）显示切换：若要观察 B 路电压，将显示切换开关按下，4 位数码显示将显示 B 路直流电压值，根据要求，调节输出旋钮，调到所需电压值。若要观察 A 路电压，显示切换开关需弹起，4 位数码显示将显示 A 路直流电压值，根据要求，调节输出旋钮，调到所需电压值。

3）如果在使用过程中，电压显示远远低于之前所调节电压值（或接近 0V），说明实验接线很可能短路或接错，需立即关闭电源开关，检查所接线路。

4）实验完毕后，关闭电源开关，并保持清洁。

第二章　电工技术实验

实验一　电源外特性测试及电压源与电流源的等效变换

一、实验目的

1）学习测试电压源和电流源外特性的方法。

2）掌握电压源与电流源等效变换的条件和方法。

3）正确使用直流稳压电源和常用直流电工仪表。

二、预习要求

1）熟悉本次实验内容与步骤和电源变换的特点与测量方法。

2）计算电压源等效变换为电流源的 I_S 和 R_0'，并画出测试电流源外特性的实验电路图，计算出负载电阻的取值范围。

3）学习直流稳压电源、数字万用表的使用方法。根据实验内容估算并选择仪表量程。

三、实验原理

1. 电压源与电流源模型

一个实际电源通常可以用两种不同的电路模型来表示，一种是用电压形式来表示，称为电压源；另一种是用电流形式来表示，称为电流源。常用的直流稳压电源，其输出电压不随负载电流改变，近似为恒定值，其值等于电源电动势 E，其内阻 $R_0 \approx 0$，可视为一个理想电压源（恒压源），其电路模型及外特性如图 2-1a 所示。实际电压源可用一个电源电动势为 E 的理想电压源和电阻 R_0 串联的电路模型来表示，其电路模型及外特性如图 2-1b 所示。

一个直流电源在工作时，不论输出端的负载如何变化，该电源输出的电流保持不变，为一恒定值 I_S，具有这种特性的电源称为理想电流源（即恒流源），其电路模型及外特性如图 2-1c 所示。实际电源用一个电激流为 I_S 与电阻 R_0 相并联来表示，这种模型称为电源的电流源模型，其电路模型及外特性如图 2-1d 所示。

2. 电源的外特性

电源的输出端特性称为电源的外特性或伏安特性，它表示电源输出端电压 U 与输出电流 I 之间的关系。电源的外特性可通过实验的方法进行测试。图 2-2 所示为测试电源外特性的电路。当负载 R_L 开路时，电流 I 等于零，电压 U 等于电源电

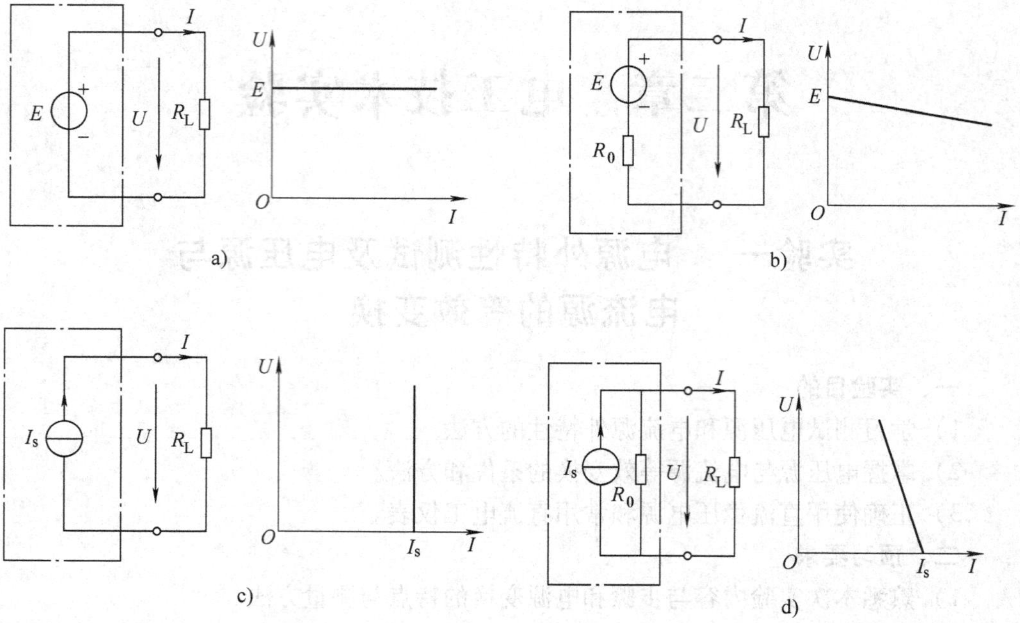

图 2-1　电源电路模型及外特性

a）理想电压源模型及外特性　b）实际电压源模型及外特性

c）理想电流源模型及外特性　d）实际电流源模型及外特性

动势 E，接上 R_L 后逐渐改变 R_L 的阻值，可测得一组对应的电压 U 和电流 I 的数值；当负载 R_L 短路时，电压 U 等于零，这时的电流 I 即为短路电流 I_{SC}（但应注意，一般的电源是不能随意短路的，因其内阻一般较小，短路时，电流过大，会损坏电源）。根据所测得的数据，便可绘出电压源的伏安特性曲线。同样的道理也可用实验方法测得电流源的伏安特性。

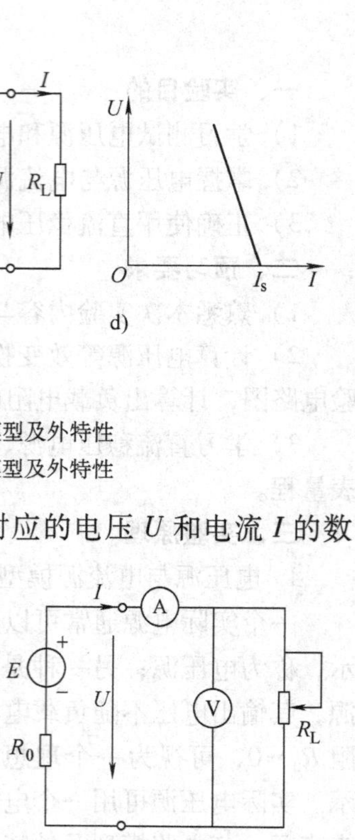

图 2-2　测试电压源外特性的电路

3. 电压源与电流源等效变换

一个实际电源对外电路（即负载 R_L）而言，实际电压源可以等效转换为实际电流源；而实际电流源也可以等效转换为实际电压源。

电压源与电流源等效变换的条件可用图 2-3 所示电路来说明：对于图 2-3a 所示的电压源电路，E 是电源电动势，R_0 是电源内阻，该电源输出端的特性由 $U=E-IR_0$ 决定，U 是电压源输出端电压，I 是输出电流。

由图 2-3a 可知

$$U = E - IR_0 \tag{2-1}$$

$$I = \frac{E}{R_0} - \frac{U}{R_0} \tag{2-2}$$

对于图 2-3b 所示的实际电流源电路，I_S 是恒定的输出电激流，R_0' 是内阻。实际电流源的电压、电流关系由 $I' = I_S - \frac{U'}{R_0'}$ 决定，U'是电流源输出端电压，I'是电流源输出电流。

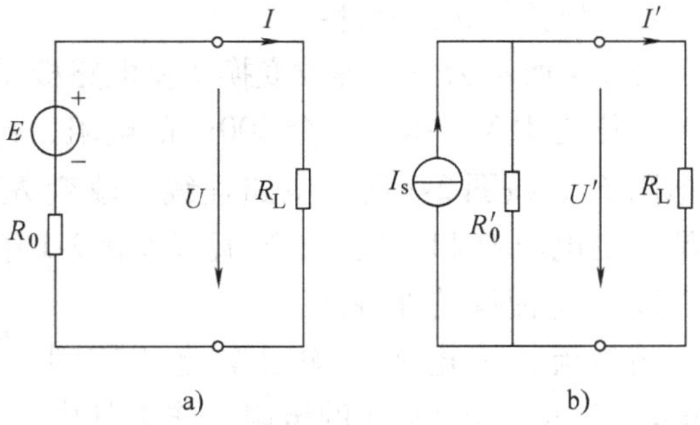

图 2-3　电压源电路及电流源电路

a）电压源电路　b）电流源电路

由图 2-3b 可知

$$U' = I_S R_0' - I' R_0' \tag{2-3}$$

$$I' = I_S - \frac{U'}{R_0'} \tag{2-4}$$

根据上述电压源与电流源的等效变换，两个电源对外电路 R_L 而言，电压和电流是相同的，所以有 $U=U'$，$I=I'$。比较上述四式，可得到将电压源等效变换为电流源的条件为

$$I_S = \frac{E}{R_0}$$

$$R_0' = R_0$$

将电流源等效变换为电压源的条件为

$$E = I_S R_0'$$

$$R_0 = R_0'$$

为了保持变换前、后输出端特性一致，进行变换后的 I_S（或 E）的正方向应当与变换前的 E（或 I_S）的正方向一致。

应当注意，这种实际电源等效变换只是对外电路而言的，只有实际电压源和实际电流源才能进行等效转换（转换后外电路的 U、I 是相同的），理想电压源与理想电流源之间不存在等效转换，因为它们的伏安特性各不相同。

4. 常用的直流恒流电源

常用的直流稳流电源，其输出电流不随负载电压改变，近似为恒定值，这种电源可视为理想电流源。构成恒流电源的电路有很多形式，本次实验只学习理想电流源的外特性测试方法，不研究构成电流源的具体电路。

四、实验仪器和设备

1）DGJ—3 电工技术实验装置。

2）直流恒压电源和直流恒流电源各一台。

3）数字直流毫安表、数字直流电压表。

4）数字万用表。

5）电源等效变换电路实验板及导线。

五、实验内容及步骤

1. 测电压源的外特性

图 2-4 所示为电源等效变换实验电路板元件布置图。调节直流恒压电源，使其输出电压为 18V，串入一个 200Ω 的电阻，作为其内阻 R_0，电位器 R_P 作为可调负载电阻 R_L，按图 2-2 所示电路连线。改变 R_L，读取电压表Ⓥ和电流表Ⓐ的读数，将测得的电压 U 和电流 I 的数值填入表 2-1 中。

2. 测电流源的外特性

将直流恒流电源的输出电流调节到 90mA，并入一个 200Ω 的电阻，作为其内阻 R_0，电位器 R_P 作为可调负载电阻 R_L，按图 2-3 所示电路连线。改变 R_L，读取电压表Ⓥ和电流表Ⓐ的读数，将测得的电压 U'和电流 I'的数值填入表 2-1 中。

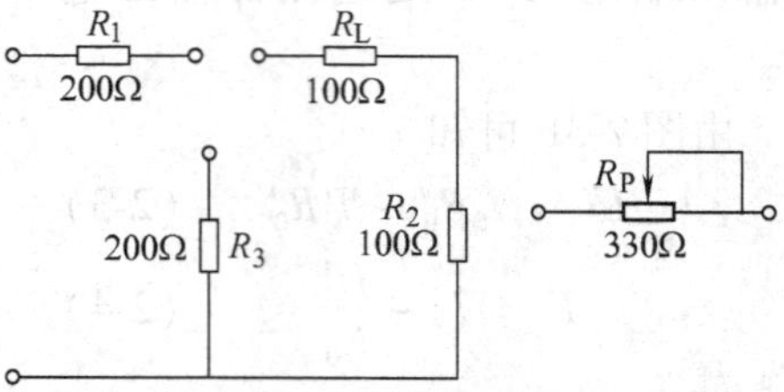

图 2-4 电源等效变换电路实验板元件布置图

在测试电流源外特性时，为了便于与电压源进行比较，其电压 U'（或电流 I'）的取值应和电压源的电压 U（或电流 I）相一致。

表 2-1 电压源及电流源的外特性

测量项目		测量数据							
电压源	U								
	I								
电流源	U'								
	I'								

六、思考题

1）直流恒压电源的输出端为什么不允许短路？直流恒流电源的输出端为什么不允许开路？

2）同样两个电流源串联或并联时，可用一个多大的电流源来等效代替它们？

3）电压源与电流源的外特性为什么呈下降变化趋势？恒压源和恒流源在任何负载下是否保持恒值？

七、实验总结报告

1）根据表 2-1 记录数据，在坐标纸上画出电压源和电流源的伏安特性曲线，并作比较。

2）分析实验中产生误差的主要原因。

3）说明理想电压源与理想电流源为什么不能等效变换？

实验二　叠加原理、戴维南定理及诺顿定理

一、实验目的

1）学习测量有源二端网络的开路电压和等效电阻的几种方法。

2）加深对戴维南定理和诺顿定理以及叠加原理的理解。

3）通过实验进一步理解电流的参考方向与电流的实际方向的关系。

4）熟悉一些常用电工仪表的使用方法。

二、预习要求

1）阅读本次实验原理所介绍的内容，熟悉实验内容及步骤，掌握各种测量方法。

2）根据实验电路计算并完成表2-2、表2-3中所列的各物理量的计算值，并填入表中。

3）熟悉本次实验所用仪表的使用方法。

三、实验原理

1. 叠加原理

叠加原理是分析和计算线性电路常用的网络定理，它反映了线性电路的叠加性和比例性的基本性质。叠加原理的内容是：在线性电路中有多个独立电源共同作用时，电路中任意一个支路的电流或电压等于各独立电源分别单独作用时，在该支路中产生的电流或电压的代数和。例如在图2-5a所示电路中，当 U_S 和 I_S 两个电源共同作用时，流过 R_L 支路的电流 I_L（或电压 U_L）就等于电压源 U_S 单独作用时（S_1 合向左侧，S_2 断开），在 R_L 支路产生的电流 I_L'（或电压 U_L'）和当电流源 I_S 单独作用时（S_1、S_2 均合向右侧），在 R_L 支路产生的电流 I_L''（或电压 U_L''）的叠加，如图2-5b所示。

应当注意：对不作用的独立电源是将理想电压源（U_S）短路，与之相串联的内阻要保留；理想电流源（I_S）开路，与之相并联的内阻要保留。

在图2-5b所示电路中，电流 I_L、I_L'、I_L''的参考方向是一致的，那么叠加时 $I_L = I_L' + I_L''$，即 I_L'与 I_L''都取正号；I_3'与 I_3 参考方向一致，I_3''与 I_3 参考方向相反，则 I_3'取正号，I_3''取负号，其 $I_3 = I_3' - I_3''$。注意，叠加时公式中的正负号是根据参考方向是否一致确定的，与各电流具体数值的正负是不同的两回事，不能相混。

2. 戴维南定理

任何一个有源二端线性网络，如果仅研究其中一条支路的电压和电流，则可将电路的其余部分看做是有源二端网络（或称为含源一端口网络）。利用戴维南定理可将原来复杂的电路化简为一个等效电源电动势 E 和等效内阻 R_0 的串联组合，使电路计算简化。

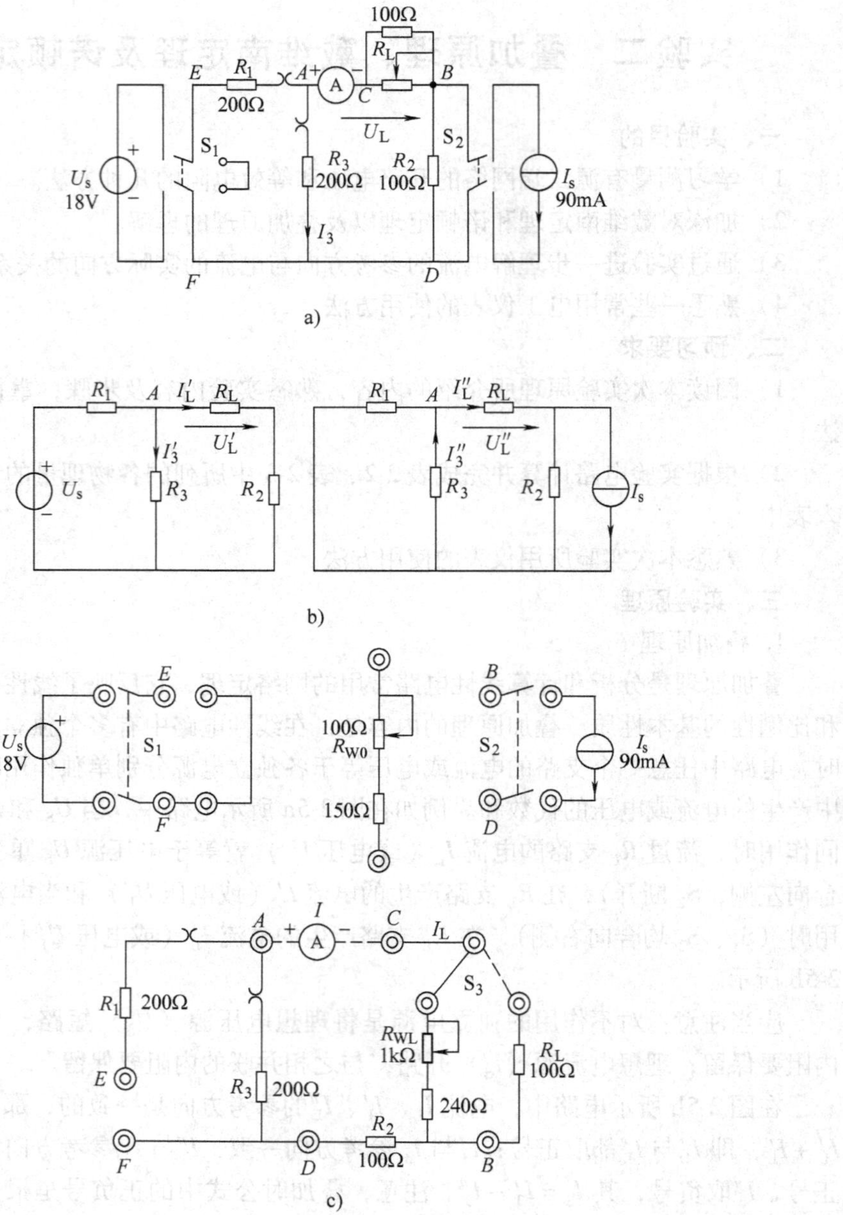

图 2-5 戴维南定理及叠加原理

a）测量电路 b）电压源单独作用及电流源单独作用 c）戴维南定理及叠加原理接线图

戴维南定理：任何一个线性有源二端网络，都可以用一个等效电压源来代替，此电压源的电动势 E 等于这个有源二端网络的开路电压 U_{oc}，其等效电阻 R_0 等于该网络中所有独立源均不作用（理想电压源视为短接，理想电流源视为开路）时对应的无源二端网络的等效电阻。

确定有源二端网络的戴维南等效电路的关键是求出其开路电压 U_{oc} 和对应的无源二端网络的等效电阻 R_0。如果已知有源二端网络的结构和参数，可通过理论计算来求，也可用实验的方法测量开路电压 U_{oc} 和等效电阻 R_0。

（1）开路电压 U_{oc} 的测量

方法一，直接测量法。当有源二端网络的等效电阻远小于电压表的内阻时，可直接用电压表测量有源二端网络的开路电压 U_{oc}。

方法二，补偿法测开路电压。测量电路如图 2-6a 所示。图中，U_E 为高精度标准电源，R_1、R_2 为标准分压电阻箱，G 为高灵敏度检流计。调节电阻箱电阻值，电压 U_{CD} 随之改变，当 $U_{CD}=U_{AB}$ 时，检流计的电流为零，则开路电压

$$U_{oc}=U_{AB}=U_{CD}=\frac{R_2}{R_1+R_2}U_E=KU_E \tag{2-5}$$

式中，$K=\dfrac{R_2}{R_1+R_2}$ 为电阻箱分压比，可直接读出。此种测量方法比直接测量法精度高。

也可用如图 2-6b 所示的电路来测开路电压，图中，U_E 为高稳定度的可调稳压电源，微安表做检流计用，可变电阻 R_P 用来限制电流。测量时，将稳压电源输出电压值调节到接近有源二端网络的输出电压值，然后缓慢调节稳压电源输出电压，使微安表指针逐渐回到零的位置。这时，电压表Ⓥ的读数即为有源二端网络的开路电压 U_{oc}。

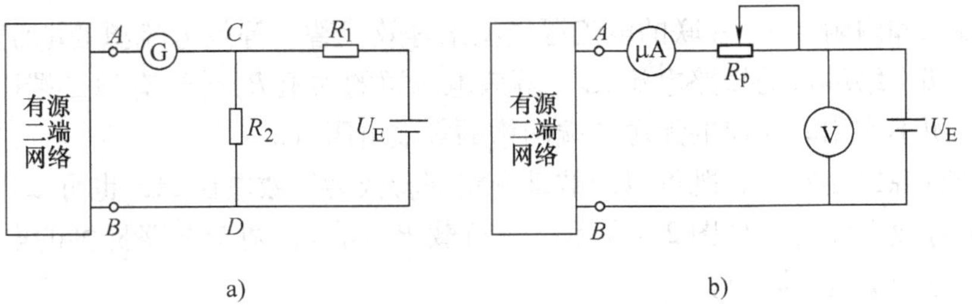

图 2-6　补偿法测量开路电压

（2）等效电阻的测量

方法一，直接测量法。用数字万用表的电阻档直接测量。测量前应让有源二端网络中的所有独立电源不作用，变为对应的无源二端网络。

方法二，加压求流法。测量电路如图 2-7a 所示，首先让有源二端网络中所有独立电源不作用，变换成无源二端网络，在 A、B 端加入一已知直流电压 U，测量流入二端网络的电流 I，那么有源二端网络的等效电阻为

$$R_0=\frac{U}{I} \tag{2-6}$$

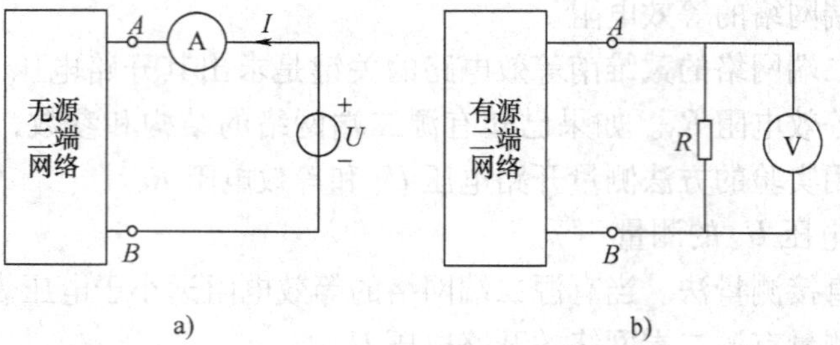

图 2-7 等效电阻测量电路

实际电源都具有一定内阻，内阻并不能与电源分开，网络中的电源不作用，电源的内阻作用也被去掉了，这样将影响测量精度。因此，以上两种方法仅适用于有源二端网络中电压源内阻很小、电流源内阻很大的场合。

方法三，首先测出有源二端网络的开路电压 U_{oc}，如图 2-7b 所示，然后在有源二端网络的 A、B 两端接入一个已知阻值的电阻 R，用电压表测出电阻 R 两端的电压 U，那么二端网络的等效电阻为

$$R_0 = \left(\frac{U_{oc}}{U} - 1\right)R \tag{2-7}$$

不论采用上述哪种方法，只要测得有源二端网络的开路电压 U_{oc} 和等效电阻 R_0，便可确定该有源二端网络的戴维南等效电路。

3. 诺顿定理

任何一个线性有源二端网络，对外电路 R_L 来说，都可以用一个电激流为 I_S 的理想电流源和内阻为 R_0 并联的电流源模型来等效代替。等效电流源的电激流 I_S 等于有源二端网络端口的短路电流 I_{SC}，等效电流源的内阻 R_0 等于有源二端网络中所有独立电源不作用时对应的无源二端网络的等效电阻 R_0。

一个有源二端网络，既可以用戴维南定理转换为等效电压源，也可以用诺顿定理转换为等效电流源，如图 2-8 所示。对负载 R_L 而言，两个电路提供的电压 U 是一样的，电流 I 是相同的。

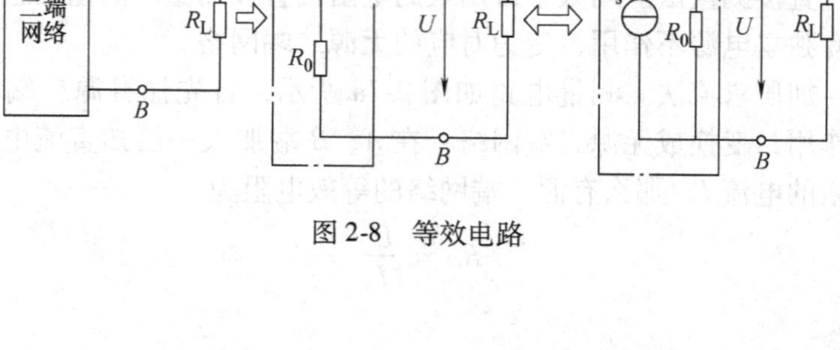

图 2-8 等效电路

四、实验仪器及设备

1）DGJ—3 电工技术实验装置。

2）直流恒压电源和直流恒流电源各一台。

3）数字直流毫安表、数字直流电压表。

4）数字万用表。

5）电源等效变换电路实验板及导线。

五、实验内容及步骤

1. 叠加原理的测试

1）分别将恒压源调节为 $U_S=18V$，恒流源调节为 $I_S=90mA$，按图 2-5a 所示电路接线。

2）在有源二端网络 A、B 两端依次串接直流毫安表及负载电阻 $R_L=100\Omega$。（注意：开关 S_3 合向右侧）。同时在负载电阻 R_L 两端并入数字式直流电压表。通过改变开关 S_1 和 S_2 的位置，测量 U_S 和 I_S 同时作用时的 I_L、U_L 及 U_S 和 I_S 分别单独作用时的 I_L'、U'、I_L''、U_L''，并将测量值填入表 2-2 中。

3）将电流表接入 R_3 支路的电流插孔上，同样测量 U_S 和 I_S 同时作用及单独作用时的 I_3、I_3'、I_3''，并将结果填入表 2-2 中。

表 2-2 叠加原理测试表

条件 \ 项目		计算值	测量值	误差
$U_S=18V, I_S=90mA$ 同时作用	I_L			
	U_L			
	I_3			
$U_S=18V$ 单独作用	I_L'			
	U_L'			
	I_3'			
$I_S=90mA$ 单独作用	I_L''			
	U_L''			
	I_3''			

2. 戴维南定理实验

1）测量开路电压 U_{oc}。分别将恒压源调节为 $U_S=18V$，恒流源调节为 $I_S=90mA$，按图 2-5c 所示电路连线，使 U_S 和 I_S 同时作用（开关 S_1 合向左侧，S_2 合向右侧）。用数字直流电压表在 A、B 两端测量开路电压 U_{oc}，并将测量值记入表 2-3 中。

2）测量等效电阻 R_0。将恒压源短路，恒流源开路，即 U_S 和 I_S 均不作用（开关S_1合向右侧，开关S_2断开）。用数字万用表的欧姆档（Ω）（注意电阻量程的选择）在A、B两端测量电路的等效电阻R_0，并将测量值填入表2-3中。

表2-3 戴维南定理测试表

电 路	电 量	计 算 值	测 量 值
图2-5a电路	I_L		
断开R_L后的有源二端网络	开路电压U_{oc}		
	等效电阻R_0		
	短路电流I_{SC}		
等效为电压源后的电路	I_L		
等效为电流源后的电路	I_L		

3）测量负载电流I_L。按图2-5c所示电路，在A、C之间串入数字直流毫安表，将恒压源和恒流源同时作用（开关S_1合向左侧，S_2合向右侧），当负载电阻$R_L=100\Omega$时（开关S_3合向右侧），测量负载电流I_L并将测量结果填入表2-3中。

3. 有源二端网络外特性的测试

（1）按图2-5c所示电路连线，在A、C之间串入数字直流毫安表，将恒压源和恒流源同时作用（开关S_1合向左侧，S_2合向右侧），当可变负载电阻为R_{WL}时（开关S_3合向左侧），在R_{WL}两端并入数字式直流电压表。

（2）改变可变负载电阻R_{WL}的阻值，使电压表U_L的测量值分别为表2-4中所示数值，读出数字直流毫安表所对应的电流值I_L，并将测试结果填入表2-4中。

表2-4 有源二端网络外特性测试表

有源二端网络外特性	U_L/V	15	13	11	9	8	6	4	2
	I_L/mA								

4. 戴维南等效电压源外特性的测试

1）将恒压源调节为所测量的开路电压U_{oc}的值；调节可变电阻R_{W0}，用数字万用表的欧姆档（Ω）测量出等效电阻R_0的值；R_{WL}为可变负载电阻；Ⓐ为直流毫安表，按图2-9所示戴维南等效电路接线。

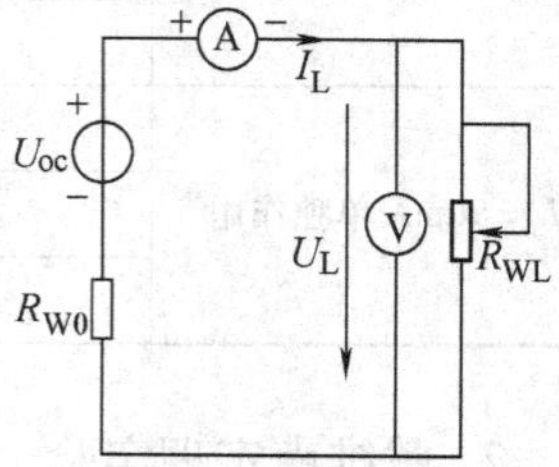

图2-9 戴维南等效电路

2）改变负载电阻R_{WL}，使电压值U_L分别为表2-5中所示数值，读出数字直流毫安表所对应的电流值I_L，并将测试结果填入表2-5中。

表2-5 戴维南等效电路外特性测试表

戴维南等效电压源外特性	U_L/V	15	13	11	9	8	6	4	2
	I_L/mA								

5. 诺顿定理实验（选作）

实验电路同图 2-5a 所示电路。实验步骤同戴维南等效电压源外特性测试步骤 1)，只是将开路电压 U_{oc}改为有源二端网络的短路电流 I_{sc}。调节恒流源使其输出电流等于短路电流 I_{sc}的数值，然后将恒流源与 R_0 并联组成有源二端网络的诺顿等效电路，接入 R_L 后再测电流 I_L。

六、思考题

1）在图 2-5a 所示电路中，$U_S = 18V$，$I_S = 90mA$，将负载电阻 R_L 开路，利用叠加原理计算开路电压 U_{oc}。

2）在图 2-5a 所示电路中，若 $U_S = 18V$，$I_S = -90mA$，计算 A、B 两端的开路电压 U_{oc}及等效电阻 R_0，画出此有源二端网络的戴维南等效电路。

3）说明测有源二端网络开路电压及等效内阻的几种方法，并比较其优缺点。

4）为什么不能应用叠加原理计算负载 R_L 上的功率?

七、实验总结报告

1）分析整理测试数据，画出有源二端网络的外特性曲线和戴维南等效电压源的外特性曲线。

2）分析实验中产生误差的主要原因。

3）回答思考题。

实验三 串联谐振

一、实验目的

1）研究交流电路发生串联谐振的条件和谐振时电路的特征。

2）学习测量串联谐振曲线的方法。

3）熟悉示波器、低频信号发生器等常用仪器的使用方法。

二、预习要求

1）阅读本次实验所介绍的内容，计算实验任务表 2-6 中所列的各物理量的计算值。

2）熟悉示波器、低频信号发生器、交流毫伏表的使用方法。

三、实验原理

谐振在测量仪器、机械工程和无线电通信等领域得到广泛的应用，而在电力系统中，当出现谐振时会产生超高压，危及系统正常工作；而在测试高压设备耐压性能时又要利用谐振产生高压。所以对谐振现象的研究，有重要的实用意义。

图 2-10 所示为 RLC 串联的正弦交流电路。该电路的复阻抗为

$$Z = R + j\left(\omega L - \frac{1}{\omega C}\right) \tag{2-8}$$

当电源频率变化或 R、L、C 参数变化使电路中的电压 $\dot{U}$ 和 $\dot{I}$ 同相时，RLC 电路发生串联谐振，这时 $X_L = X_C$，复阻抗 $Z = \dfrac{\dot{U}}{\dot{I}} = R$（虚部为零），则有

$$\omega L = \frac{1}{\omega C} \tag{2-9}$$

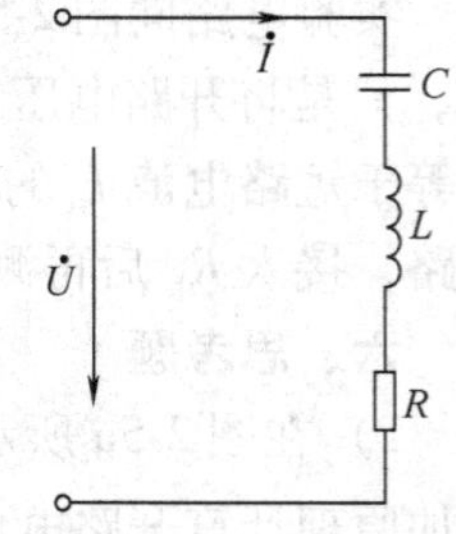

图 2-10 RLC 串联的正弦交流电路

其谐振频率为

$$\omega_0 = \frac{1}{\sqrt{LC}} \text{或} f_0 = \frac{1}{2\pi\sqrt{LC}} \tag{2-10}$$

应注意式（2-8）中的 R 包含了线圈的电阻，为了简便，不再单独标出线圈的电阻。

电路发生串联谐振时，具有以下主要特征：

1）电路的复阻抗 $Z_0 = R$，电路对外呈现纯阻性，且阻抗值 $|Z_0| = R_0$ 为最小值。

2）谐振时电路的电流称为谐振电流 I_0，在串联谐振时，当保持电源电压 U 不变时，I_0 为最小值，为

$$I_0 = \frac{U}{R} \tag{2-11}$$

3）串联谐振时电路的电抗为零，但电路的感抗和容抗不为零，谐振时的感抗和容抗的数据称为电路的特性阻抗，用 ρ 表示，即 $\rho = \omega_0 L = \dfrac{1}{\omega_0 C}$；电路的特性阻抗 ρ 与电阻 R 的比值称为电路的品质因数，用 Q 表示，即

$$Q = \frac{\rho}{R} = \frac{\omega_0 L}{R} = \frac{1}{\omega_0 CR} = \frac{1}{R}\sqrt{\frac{L}{C}} \tag{2-12}$$

电路品质因数 Q 的大小由电路参数 R、L、C 决定，Q 值的大小是表征谐振电路质量优劣的一个重要标志。

4）电路谐振时，电感上和电容上的电压分别为

$$\dot{U}_{C0} = \frac{\dot{I}}{\mathrm{j}\omega_0 C} = -\mathrm{j}\frac{\dot{U}}{\omega_0 CR} = -\mathrm{j}Q\dot{U} \tag{2-13}$$

$$\dot{U}_{L0} = \mathrm{j}\omega_0 L\dot{I}_0 = \mathrm{j}\omega_0 L\frac{\dot{U}}{R} = \mathrm{j}Q\dot{U} \tag{2-14}$$

由此可见，谐振时电容两端的电压和电感两端的电压大小相等，相位相反，其大小都是电源电压 U 的品质因数 Q 倍，因此，串联谐振也称电压谐振。当电路的品质因数 Q 值远大于 1 时，U_{C0} 和 U_{L0} 的数值将远大于电源电压 U。

用实验的方法研究串联谐振电路，主要有以下几方面的内容：电路的参数固定时，测定电路的谐振频率；电源的频率一定，确定电路发生谐振时的电容值或电感

值；改变电源频率测试电流谐振曲线；比较不同品质因数 Q 值时谐振电路的特点等。

1. 电路参数不变，测量谐振频率 f_0

（1）用示波器测量

按图 2-11 所示串联谐振实验电路接线，由于电阻 R 上电压 u_R 与电路的电流相位相同，因此，u_R 的波形表示电流 i 的波形。改变信号源的频率，当电路的电压和电流相位不同时，示波器上显示为一椭圆图形；而当电压和电流的相位相同时，屏幕上显示出一条斜线，此时电路处于谐振状态，信号发生器显示的频率即为电路的谐振频率 f_0。

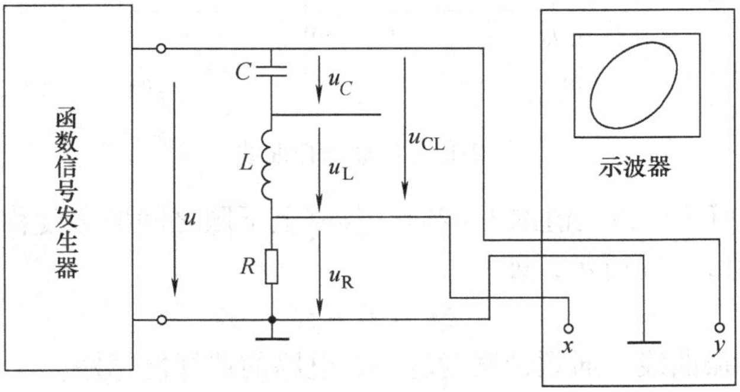

图 2-11　串联谐振实验电路

（2）通过测量电压的数值，判断谐振频率 f_0

电路发生串联谐振时，其阻抗最小，当电源电压保持不变时，电路的电流达到最大值，此时电阻上的电压也达到最大值。实验时，保持信号源输出电压值不变，而改变信号源的频率 f，用数字交流毫伏表测量电阻 R 两端的电压 U_R；当 U_R 达到最大值时，电路发生串联谐振，此时信号源的频率即为谐振频率 f_0。因为串联谐振电路的谐振频率只与电路的参数 L、C 有关，与电阻 R 无关，所以若只改变电路的电阻 R，而保持 L、C 不变，则电路的谐振频率 f_0 不会改变。

2. 测量不同品质因数 Q 时的谐振曲线

图 2-10 所示电路的电流 I 为

$$I=\frac{U}{\sqrt{R^2+\left(2\pi fL-\dfrac{1}{2\pi fC}\right)^2}} \tag{2-15}$$

当电源电压和电路的参数保持不变时，电流是电源频率的函数，根据式（2-15）可以作出电流随频率变化的曲线，称为谐振曲线。电路处于谐振状态时，电流达到最大值。当电源频率低于或高于谐振频率时，电流随着频率变化而逐渐减小，如图 2-12a 所示。电压一定时，电路中的电阻值越小（品质因数 Q 值越大），所得到的谐振曲线越尖锐；在频率稍偏离谐振频率 f_0 时，电路中的电流就会减小许多。这表明电路对频率为 f_0 信号的选择性强。

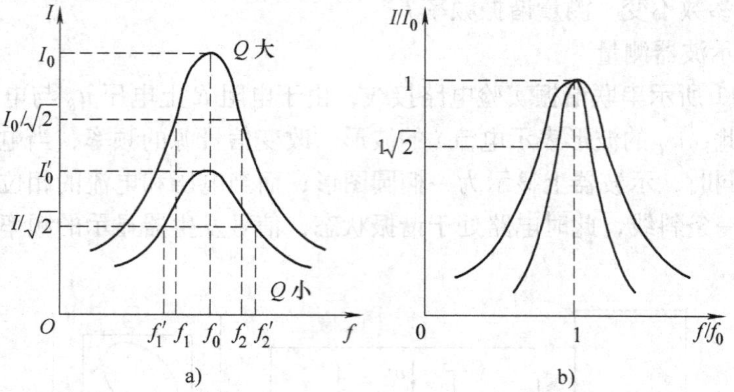

图 2-12　串联谐振曲线

规定在电流值等于最大值的 $1/\sqrt{2}$时，频率上下限之间的宽度称为通频带宽度，用 Δf 表示，如图 2-12a 所示，即

$$\Delta f = f_2 - f_1 \tag{2-16}$$

对于 f_0 相同的谐振曲线，通频带宽度越小，电路的选择性越好。

由式（2-11）、式（2-12）、式（2-15）可以得到

$$\frac{I}{I_0} = \frac{1}{\sqrt{1 + Q^2\left(\frac{f}{f_0} - \frac{f_0}{f}\right)^2}} \tag{2-17}$$

以 I/I_0 为纵坐标，$\frac{f}{f_0}$为横坐标，作出 I/I_0 变化的曲线称为谐振电路的通用谐振曲线，如图 2-12b 所示。

四、实验仪器及设备

1）双踪示波器。

2）函数信号发生器。

3）数字交流毫伏表。

4）串联谐振实验板及导线。

五、实验内容及步骤

1. 测量 RLC 串联电路的谐振频率 f_0

按图 2-11 接线，测量 RLC 串联电路的谐振频率 f_0（线圈的电感约为 10mH，电阻 2Ω，$C = 1\mu F$，$R = 10\Omega$），调节函数信号发生器的频率，用示波器观察，当李萨如图形由椭圆变成一条斜线时，电路发生谐振，记下这时的谐振频率 f_0。调节函数信号发生器的输出幅值，使 $U = 1V$，用数字交流毫伏表测 U_{C0}、U_{L0}、U_{R0}及 U_{CL0}，

将测量结果填入表 2-6 中。改变电阻值使 $R=43\Omega$，重复以上内容。

表 2-6 RLC 串联谐振电路测试表

测量条件	测算项目	f_0	U_{R0}	U_{C0}	U_{L0}	U_{CL0}	I_0（计算）	Q（计算）
$U=1\text{V}$ $R=10\Omega$	计算值							
	测量值							
$U=1\text{V}$ $R=43\Omega$	计算值							
	测量值							

2. 测量不同品质因数 Q 值时的谐振曲线

当 $R=10\Omega$ 时，保持函数信号发生器的输出幅值为 $U=1\text{V}$，调节函数信号发生器的频率，用数字交流毫伏表测量电阻 R 两端的电压，将测量结果填入表 2-7 中。改变电阻值使 $R=43\Omega$，重复以上内容。

表 2-7 不同品质因数 Q 值时的谐振曲线测试表

测量条件	f / 测算项目	f_1	减小 ← f_0 → 增大											f_2
			−200	−100	−50	−50	−50	f_0	+50	+50	+50	+100	+200	
$U=1\text{V}$ $R=10\Omega$	测 U_R													
	计算 I													
	计算 f/f_0													
	计算 I/I_0													

测量条件	f / 测算项目	f_1	减小 ← f_0 → 增大											f_2
			−400	−200	−100	−100	−100	f_0	+100	+100	+100	+200	+400	
$U=1\text{V}$ $R=43\Omega$	测 U_R													
	计算 I													
	计算 f/f_0													
	计算 I/I_0													

3. 用示波器观察串联谐振电路电压 u 和电流 i 的相位差随频率 f 变化的规律（选作）

在 RLC 串联电路中，当 $f>f_0$ 时，电压超前电流，随着 f 的增大，电压超前电流的角度增大，最大为 90°；当 $f<f_0$ 时，电压滞后电流，随着 f 的减小，电压滞后电流的角度增大，最大也为 90°。若电压的初相 φ_u 为零，当 $f=f_0$ 时，电流的初相 φ_i 也为零；当 $f>f_0$ 时，电流初相 φ_i 为负值；当 $f<f_0$ 时，电流的初相 φ_i 为正值。改变函数信号发生器的频率 f，电流的初相 φ_i 随之改变，记录频率 f 与 φ_i 之间的关系，实验记录表格自拟，作出电流的初相 φ_i 随频率变化的曲线。

六、思考题

1）本次实验测量交流电压为什么要用交流毫伏表，而不能用万用表的交流电压档?

2）在电路发生串联谐振时，实际测量的 U_{L0} 和 U_{C0} 两者数值为何并不相等?

3）电阻 R 的大小对串联谐振电路的谐振频率有无影响?

4）电阻、电容数值已知，如何利用串联谐振现象测量一个线圈的参数?叙述测试方法，列出计算线圈参数的公式。

七、实验总结报告

1）根据表 2-6 的数据计算出线圈的参数。

2）用坐标纸描绘出谐振曲线，求出品质因数 Q 值和通频带 Δf_0。

3）回答思考题。

实验四 电感性电路功率因数的提高

一、实验目的

1）掌握正弦交流电路中电压、电流的相量关系。

2）了解提高感性负载电路功率因数的方法及意义。

3）学习功率表的使用方法。

二、预习要求

1）阅读实验原理介绍的内容和教材中有关功率表的使用方法。

2）已知某荧光灯电路有功功率 $P=48\text{W}$（含镇流器线圈所消耗功率），电源电压 $U=220\text{V}$，电源频率 $f=50\text{Hz}$，电路中电流 $I=0.42\text{A}$，计算该荧光灯电路的功率因数 $\cos\varphi$。如果欲将该荧光灯电路的功率因数提高到 $\cos\varphi=1$，应并入多大电容?

三、实验原理

在用电设备中，有很多是电感性负载，例如交流电动机、工频感应电炉等，它们的等效电路可用 R、L 串联电路来表示。这些用电设备的功率因数都较低。我们知道，感性负载消耗的有功功率为 $P=UI\cos\varphi$，当有功功率 P 和电源电压 U 一定时，负载的功率因数越低，电源供给负载的电流就越大，这样，使输电线路上损耗增大，线路电压降增大，不但影响供电质量，而且还多占用电源容量，对节能和充分利用电源的生产能力不利，因此，提高功率因数有着重要的经济意义。提高感性负载电路的功率因数，通常采用的方法是在负载两端并联电容器。工作原理简单分析如下。

当将开关 S 断开、电感性负载两端没有并联电容时，如图 2-13a 所示，电路的总电流 $\dot{I}$ 等于感性负载的电流 $\dot{I}_{RL}$，相量图中的 $\dot{I}_R$ 是总电流的有功分量，$\dot{I}_L$ 是总电流的无功分量。将开关 S 闭合，并联电容后，如图 2-13a 所示，$\dot{I}_C$ 是电容支路的电流，$\dot{I}'$是总电流，总电流的有功分量不变，总电流的无功分量为$\dot{I}_X$，$I_X < I_L$。可见，并联电容后总电流和电流的无功分量比并联电容前明显减小。在图 2-13c 所示的功率三角形中，P 是电路消耗的有功功率，Q 是感性负载的无功功率，S 是并联电容前电路的视在功率。并联电容后，电路的有功功率 P 并不变化，Q_C 是电容的无功功率，整个电路的无功功率变为 Q'，视在功率为 S'。由此可见，$Q' < Q$，$S' < S$，也就是说，并联电容后，整个电路的无功功率和视在功率比并联电容前减小了。并联电容提高感性负载的功率因数的实质可以这样来理解：利用电容超前电压的无功电流补偿 R、L 支路滞后电压的无功电流，减小总电流的无功分量。也就是用电容的无功功率补偿电感的无功功率，减小负载与电源之间交换的无功功率数值称为无功补偿。从能量的角度看，是利用电容的电场能量与电感的磁场能量相互交换，减小电源与负载间的能量交换。所以感性负载并联电容以后，从总的效果看，功率因数提高了。但对原 R、L 支路来说，该支路的电流、有功功率、无功功率和功率因数并没有发生变化。

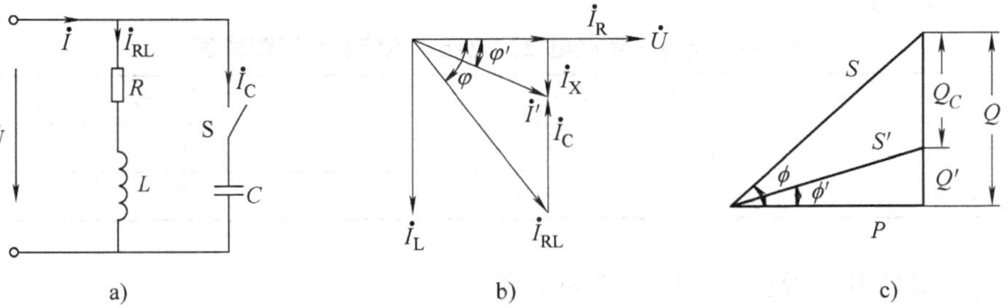

图 2-13　电路及电压、电流、功率相量图

a）电路图　b）电压、电流的相量图　c）电路功率三角形

将电感性负载电路的功率因数从 cosφ 提高到 cosφ'，需要并联的电容器的电容值可按下式计算：

$$C = \frac{P}{\omega U^2}(\tan\varphi - \tan\varphi') \qquad (2\text{-}18)$$

式中，ω 为电源的角频率（$\omega = 2\pi f$）；U 为电源电压有效值；P 是电路消耗的有功功率；φ 是未并电容时电路的功率因数角；φ'是并联电容后的功率因数角。

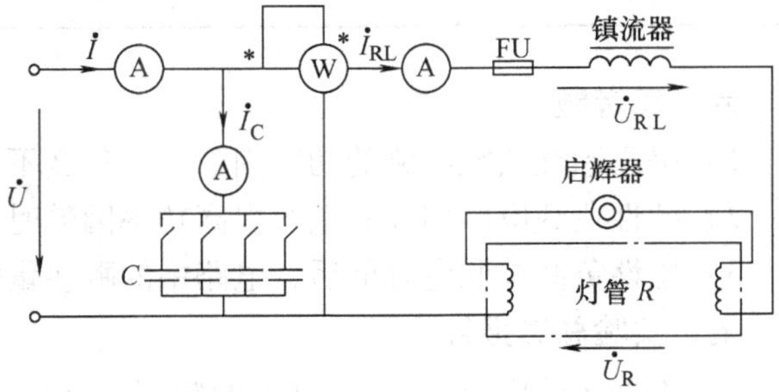

图 2-14　荧光灯实验电路

荧光灯实验电路如图 2-14 所示。灯管等效为电阻性负载，用 R 来表示；镇流器由铁心线

圈组成，相当于电感和电阻串联，用 R'、L 来表示。因此，整个荧光灯电路相当于电阻电感串联的感性负载。

四、实验仪器及设备

1）DGJ—3 电工技术实验装置。

2）荧光灯、镇流器、电容箱。

3）数字交流电压表、数字交流电流表、数字功率表。

4）导线若干。

五、实验内容及步骤

1. 测量电感性负载电路的电压、电流和功率

按图 2-14 所示电路接线，先将电容箱上所有开关断开。图中，功率表是测总有功功率时的接法，注意功率表的连接方式，电流线圈要串入被测电路中；电压线圈并入被测电路中。根据表 2-8 所列的测量项目分别用数字式交流电压表、数字式交流电流表、数字式功率表进行测量，并将测量结果填入表 2-8 中。根据所测结果计算出 $\cos\varphi$ 的值。

表 2-8 电感性负载电路的电压、电流和功率测试表

测量项目	I	I_{RL}	I_C	U	U_R	$U_{R'L}$	$P_{总}$	P_R	P_C	$\cos\varphi$（计算）
未并电容										
并 2μF 电容后										

2. 测量所并电容值与总电流之间关系

实验电路如图 2-14 所示，按表 2-9 改变并联电容值，观察总电流变化趋势，找出最小电流时的电容值，并将测量结果填入表 2-9 中。

表 2-9

测量项目 \ 并入电容 C/μF	0	1	1.5	2	2.5	3	3.5	4	4.5	5	5.5	6	6.5	7
I_C/A														
I/A														

六、思考题

1）提高感性负载电路的功率因数，为什么不采用串联电容的方法？

2）感性负载电路用并联电容提高功率因数时，所并电容值为什么不能过大？

3）感性负载并联电容前后，电路中的哪些量保持不变？哪些量发生了变化？

七、实验总结报告

1）根据实验内容 1、2 所测得的数据，计算 $\cos\varphi$；以 $\dot{U}$ 为参考相量，按比例在坐标纸上画出 $\dot{U}$、$\dot{U}_R$、$\dot{U}_{R'L}$、$\dot{I}$、$\dot{I}_{RL}$、$\dot{I}_C$ 的相量图，验证是否符合 $\dot{U}=\dot{U}_R+\dot{U}_{R'L}$、

$\dot{I}=\dot{I}_{RL}+\dot{I}_C$。

2）根据表2-9所测得数据，在坐标纸上作出 $I=f(C)$ 的曲线，根据公式 $\cos\varphi=P/UI$ 将测量数据代入，计算出对应的 $\cos\varphi$，画出 $\cos\varphi=f(C)$ 曲线。若实验中把电路的功率因数提高到 $\cos\varphi=0.9$，从 $\cos\varphi=f(C)$ 曲线上找出应并多大电容。

3）总结感性负载两端并联不同电容提高功率因数的规律。

实验五　三相交流电路

一、实验目的

1）学习三相交流电路负载的正确联接方法。

2）掌握三相交流电路中线电压、相电压、线电流、相电流的关系，了解三相四线制供电电路中的中线作用。

二、预习要求

1）阅读本次实验所介绍的内容。

2）电源电压为220V，负载为白炽灯（220V，40W）。当负载采用星形联接有中线时，若负载不对称，即A、B相各开一只灯，C相开两只灯时，试计算各相负载电流及中线电流；当负载采用星形联接无中线时，且负载不对称，再计算各相负载电流。如果将负载改为三角形联接，在AB相、BC相各开一只灯，CA相开两只灯，试计算各相电流及线电流。

三、实验原理

目前我国的电网一般都采用“三相四线制”供电方式。电源通过三相开关向负载供电，如图2-15a所示，A、B、C三根导线称为端线或火线，N线称为零线或中线。任意两根火线间的电压称为线电压，用 $\dot{U}_{AB}$、$\dot{U}_{BC}$、$\dot{U}_{CA}$ 表示。火线与中线间的电压称为相电压，用 $\dot{U}_A$、$\dot{U}_B$、$\dot{U}_C$ 表示。一般情况下，电源提供的三个相电压是对称的，三个线电压也是对称的。三相四线制供电系统中，线电压与相电压大小关系是 $U_l=\sqrt{3}U_p$，相位上线电压超前相应的相电压30°，相量图如图2-15b所示。我国目前绝大多数供电系统采用线电压为 $U_l=380V$，相电压 $U_p=220V$。

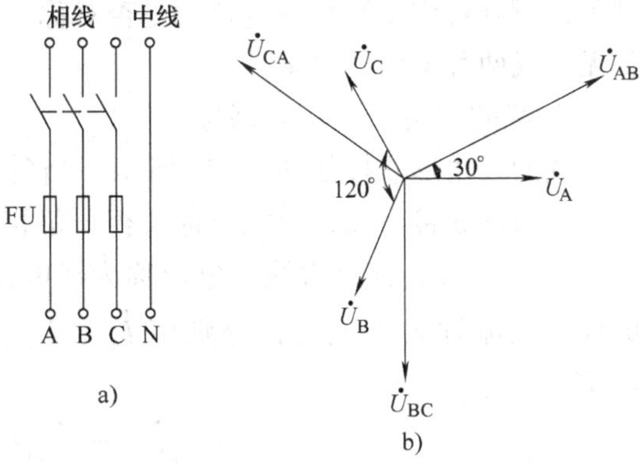

图2-15　三相四线制电源及相量图
a）三相四线制电源　b）相量图

1. 负载的星形联接

星形（Y）联接的负载如图 2-16 所示。当负载的额定电压等于电源的相电压时，应采用星形联接方式。流过火线上的电流 $\dot{I}_A$、$\dot{I}_B$、$\dot{I}_C$ 称为线电流。流过每相负载的电流称为相电流。流过中线的电流称为中线电流，用 $\dot{I}_N$ 表示。每相负载上的电压一般用 $\dot{U}_A$、$\dot{U}_B$、$\dot{U}_C$ 表示，它们都等于对应电源的相电压。如果每相负载的复阻抗相等，则称为对称三相负载。对称负载星形联接时，中线电流为零，可去掉中线，变成三相三线制供电。如果负载不对称且无中线，将会出现负载相电压不再对称，有的负载相电压偏高，有的负载相电压偏低。所以负载不对称时，不能随便断开中线。也就是说，中线的作用是当负载不对称时，保证每相负载上的相电压对称。

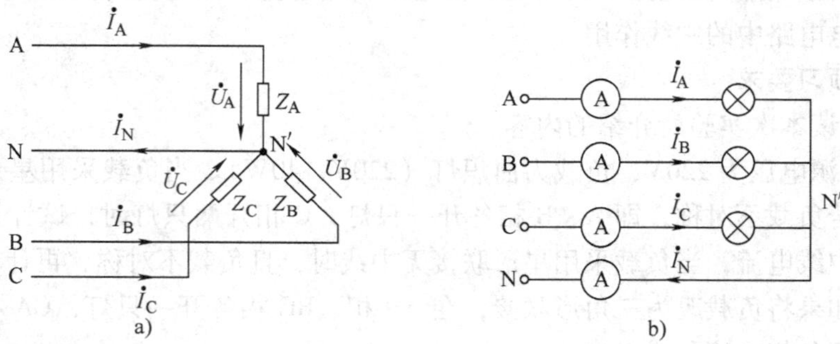

图 2-16　负载星形联接电路

a）原理电路　b）实验接线图

实验中，电源采用 220V 线电压，负载由额定电压为 220V 的白炽灯泡组成，通过每相所开灯泡个数来确定负载是否对称，中线中接入一只开关，以便实现有中线和无中线两种电路的测量。

2. 负载的三角形（△）联接

负载的三角形联接如图 2-17a 所示，当负载的额定电压等于电源的线电压时，应采用三角形联接。无论负载对称与否，每相负载的相电压都等于电源的线电压，即 $U_p' = U_l$。同样，流过火线的电流称为线电流，分别用 $\dot{I}_A$、$\dot{I}_B$、$\dot{I}_C$ 表示；流过每相负载的电流称为相电流，分别用 $\dot{I}_{AB}$、$\dot{I}_{BC}$、$\dot{I}_{CA}$ 表示。若三相负载分别为 Z_{AB}、Z_{BC}、Z_{CA}，则

$$\begin{cases} \dot{I}_{AB} = \dot{U}_{AB}/Z_{AB} \\ \dot{I}_{BC} = \dot{U}_{BC}/Z_{BC} \\ \dot{I}_{CA} = \dot{U}_{CA}/Z_{CA} \end{cases} \tag{2-19}$$

根据 KCL 定律可知线电流为

$$\begin{cases}\dot{I}_A = \dot{I}_{AB} - \dot{I}_{CA} \\ \dot{I}_B = \dot{I}_{BC} - \dot{I}_{AB} \\ \dot{I}_C = \dot{I}_{CA} - \dot{I}_{BC}\end{cases} \tag{2-20}$$

如果负载对称，则三个相电流对称，三个线电流也对称，且有 $I_l = \sqrt{3} I_p$ 的关系，相位上线电流滞后相应的相电流 30°，相量图如图 2-17b 所示。

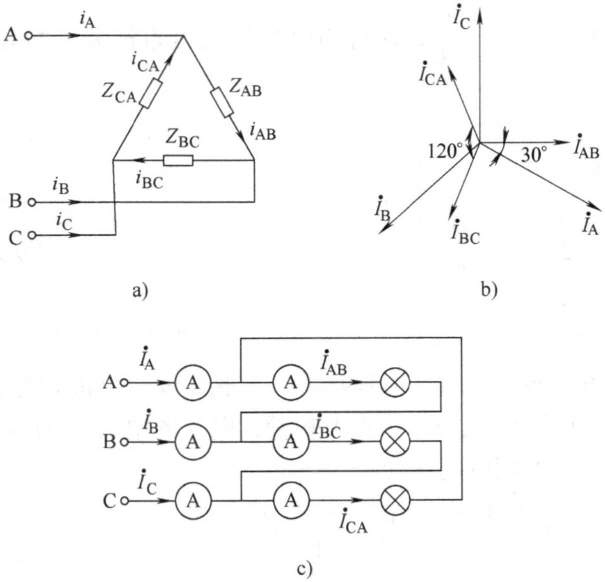

图 2-17　负载三角形联接

a）原理电路　b）相量图　c）实验接线图

在实验室研究负载三角形联接电路时采用如图 2-17c 所示电路进行联接比较方便，负载仍采用额定电压 220V 的白炽灯泡，电流表处均接电流插座。

3. 三相电路的有功功率（平均功率）

三相电路的有功功率等于各相有功功率之和，即星形联接时，$P = P_A + P_B + P_C$，三角形联接时 $P = P_{AB} + P_{BC} + P_{CA}$。如果负载对称，三相电路的有功功率为

$$P = 3U_p I_p \cos\varphi = \sqrt{3} U_l I_l \cos\varphi \tag{2-21}$$

式中，φ 是相电压与相电流的相位差角，也就是负载的阻抗角。

测量三相电路的有功功率时，如果负载对称，只采用一块功率表，测量出其中的一相功率再乘以 3 即可，称为一瓦计法。当三相四线制负载不对称时，则必须分别测量出每相功率再求和，称为三瓦计法。对于三相三线制系统（无论负载对称与否），常采用两瓦计法。

两瓦计法测三相电路有功功率的接线方法如图 2-18 所示。两功率表的电流线

圈分别串入任意两根火线中，两功率表电流线圈的同铭端（一般都有标志符号，如＊、△等）分别与电压线圈的同铭端各自联在一起，接在电源侧，两电压线圈的另外一端应接在未串电流线圈的第三根火线上。

4. 三相电源相序的测定

三相电源输出电压达到零值或最大值的先后次序称为相序。图 2-19 所示的电路可用来测定三相电源的相序。为了分析问题简单起见，选用额定电压 220V、额定功率 40W 的灯泡，使 $R=\dfrac{1}{\omega C}$，即灯泡电阻与电容阻抗大小相等，选 $C=5.5\mu F$ 的电容器。

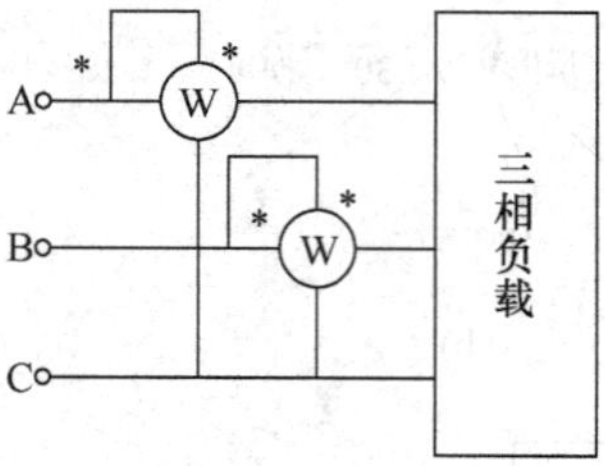

图 2-18　三相电路有功功率的两瓦计法接线

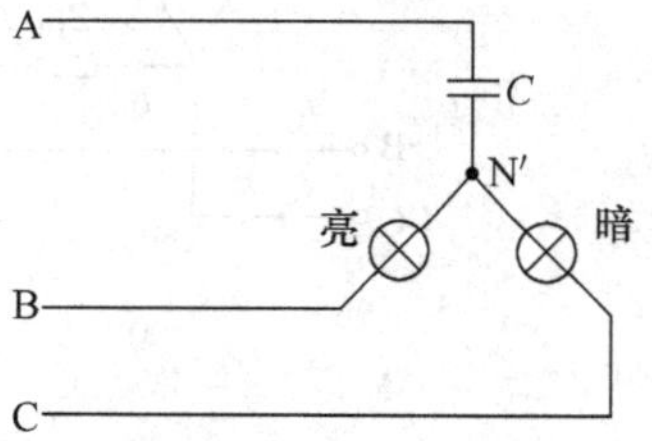

图 2-19　三相电源的相序测定电路

设接电容的那相为 A 相，$\dot{U}_A$ 为参考相量，电源的中点 N 为参考点，那么，负载中点 N′与电源中点 N 间的电压为

$$\dot{U}_{N'N}=\frac{\dot{U}_A j\omega C+\dot{U}_B/R+\dot{U}_C/R}{j\omega C+\dfrac{1}{R}+\dfrac{1}{R}}$$

$$=\frac{Uj+U\angle-120^\circ+U\angle 120^\circ}{j+2}=(-0.2+j0.6)U \qquad (2\text{-}22)$$

那么，B 相灯泡所承受的电压为

$$\dot{U}_{B'N}=\dot{U}_{BN}-\dot{U}_{N'N}=U\angle-120^\circ-U(-0.2+j0.6)$$
$$=U(-0.3-j1.4)\ (U\ \text{为相电压有效值}) \qquad (2\text{-}23)$$

即 $\dot{U}_{B'N}=1.5U$

C 相灯泡的电压为

$$\dot{U}_{C'N}=\dot{U}_{CN}=\dot{U}_{N'N}=U\angle 120^\circ-U(0.2+j0.6)=(-0.3+j0.266)U \qquad (2\text{-}24)$$

$$\dot{U}_{CN'}=0.4U$$

由此可见，灯泡亮的那一相是 B 相，暗的那相是 C 相，从而确定出电源的相序。实际测试时，电容不一定必须选 5.5μF，灯泡也不一定必须用 40W，一般电容选几个微法，灯泡几十瓦的都可以，都会出现 B 相灯亮，C 相灯暗的结果。

四、实验仪器及设备

1）DGJ—3 电工技术实验装置。

2）三相灯箱负载，电容箱。

3）数字交流电压表、数字交流电流表、数字功率表。

4）导线若干。

五、实验内容及步骤

1. 负载星形联接电路的测试

按图 2-16b 所示电路接线，负载为 220V，40W 的白炽灯，完成表 2-10 各项测试任务，表中的 U_A'、U_B'、U_C'是负载相电压，并将测量结果填入表 2-10 中。

表 2-10　三相交流电路 Y 形联接参数测试表

负载及联接类型		每相开灯数			测 量 项 目							
		A	B	C	U_A'	U_B'	U_C'	$U_{N'N}'$	I_A	I_B	I_C	I_N
负载对称	有中线	1	1	1				/				
	无中线	1	1	1								/
负载不对称	有中线	1	1	2				/				
	无中线	1	1	2								/

2. 负载三角形联接电路的测试

按图 2-17c 所示电路接线，完成表 2-11 的各项测试任务，并将测量结果填入表 2-11 中。

3. 用两瓦计法测量负载三角形联接时的有功功率，将测量结果填入表 2-11 中。

表 2-11　三相交流电路△形联接参数测量表

每相开灯数			测 量 项 目											
			相 电 压			线 电 流			相 电 流			功 率		
AB 相	BC 相	CA 相	U_{AB}	U_{BC}	U_{CA}	I_A	I_B	I_C	I_{AB}	I_{BC}	I_{CA}	P_1	P_2	P（计算）
1	1	1												
1	1	2												
1	1	0												

4. 按图 2-19 所示电路联接电路，测量实验室三相电源的相序。（选作）

六、思考题

1）对于三相四线制供电系统，如果负载对称，能否用两瓦计法测量其有功功率？

2）对于三相四线制供电系统，如果某相负载断开，是否会影响其他两相工作？如果某相负载短路，电路将会发生什么现象？

3）用两瓦计法测量三相功率时，若将电流线圈串入 A、C 两根火线，画出实验接线图。

七、实验总结报告

1）根据实验结果，说明中线的作用。

2）画出星形联接电路中负载不对称但有中线情况时的相量图（以$\dot{U}'_{A}$为参考相量）。

3）画出三角形联接电路负载不对称情况时的相量图（以$\dot{U}'_{AB}$为参考相量）。

4）回答思考题。

实验六　一阶 RC 电路的过渡过程

一、实验目的

1）学习用示波器测量电路的时间常数。

2）研究 RC 电路的矩形脉冲响应。

二、预习要求

1）阅读本次实验介绍的内容。

2）根据实验任务中所给出的 R、C 数值，计算出各电路的时间常数 τ。

3）当测时间常数 τ 的参数已给定时，试估算出信号源的频率应选的范围（最低频率）。

4）根据实验任务 2、3，初选 Y 轴衰减旋钮及扫描时间旋钮的档位（屏幕上出现 2～5 个完整波形）。

三、实验原理

具有储能元件的电路，当电路发生换路时，电路中的电压、电流都要发生变化，要从原来的稳定状态变化到一个新的稳定状态，这种变化不能瞬间完成，需要一定的时间，这段时间电路处于过渡过程。过渡过程又称为电路的暂态过程，对过渡过程的研究又称为电路的暂态分析。

1. RC 电路的充、放电过渡过程

图 2-20a 所示的 RC 电路，若开关 S 合于 1 的位置，电路已处于稳定状态。在 $t=0$ 时，将开关 S 断开 1 而合向 2 的位置，电容 C 由零开始充电。根据 KVL 有 $u_R+u_C=U$，其中 $u_R=iR$，$i=C\dfrac{\mathrm{d}u_C}{\mathrm{d}t}$，则 $RC\dfrac{\mathrm{d}u_C}{\mathrm{d}t}+u_C=U$，可解得

$$u_C(t) = U(1-\mathrm{e}^{-\frac{t}{\tau}}) \tag{2-25}$$

$$U_R(t) = U\mathrm{e}^{-\frac{t}{\tau}} \tag{2-26}$$

$$i(t) = \frac{U}{R}\mathrm{e}^{-\frac{t}{\tau}} \tag{2-27}$$

式中，$\tau=RC$ 称为时间常数。

这种过程称为 RC 电路零状态响应，图 2-20b 是 u_C、u_R、i 随时间变化的曲线。

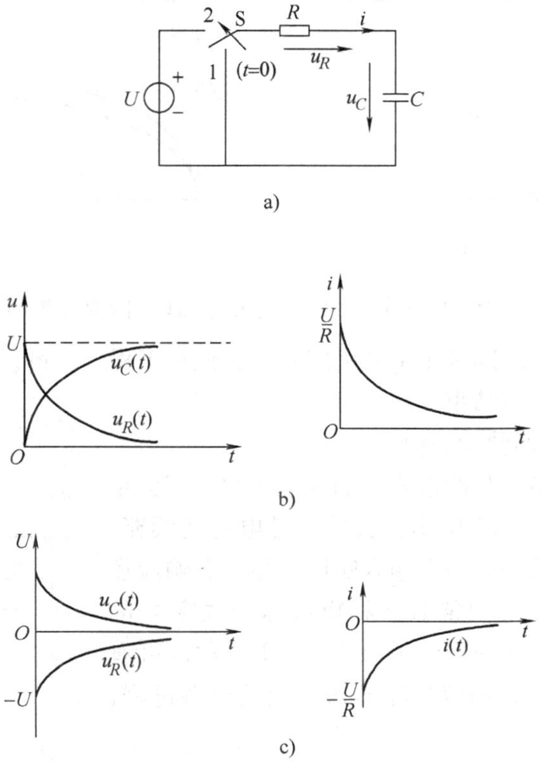

图 2-20　RC 电路及充、放电变化曲线图

图 2-20a 所示电路，若开关 S 处于位置 2 时电路处于稳定状态，在 $t=0$ 时，将开关 S 断开 2 而合向 1 的位置，则电容开始放电，根据 KVL 有 $u_R+u_C=0$，其中 $u_R=iR$，$i=C\frac{\mathrm{d}u_C}{\mathrm{d}t}$，则 $RC\frac{\mathrm{d}u_C}{\mathrm{d}t}+u_C=0$，可解得

$$u_C(t) = Ue^{-\frac{t}{\tau}} \tag{2-28}$$

$$u_R(t) = -Ue^{-\frac{t}{\tau}} \tag{2-29}$$

$$i(t) = -\frac{U}{R}e^{-\frac{t}{\tau}} \tag{2-30}$$

这种过程称 RC 电路的零输入响应，图 2-20c 是 u_C、u_R、i 随时间变化的曲线。

对于 RC 充电电路而言，时间常数 τ 是 u_C 由初始值变化到稳态值的 63.2% 所需的时间（图 2-21a）；而对于 RC 放电电路而言，时间常数 τ 是 u_C 由初始值变化到初始值的 36.8% 所需的时间。一个电路的时间常数 τ 的大小，由电路的结构和参数决定。时间常数 τ 的大小决定过渡过程的持续时间长短，τ 越大，过渡过程时间越长；τ 越小，过渡过程时间越短，如图 2-21b 所示。

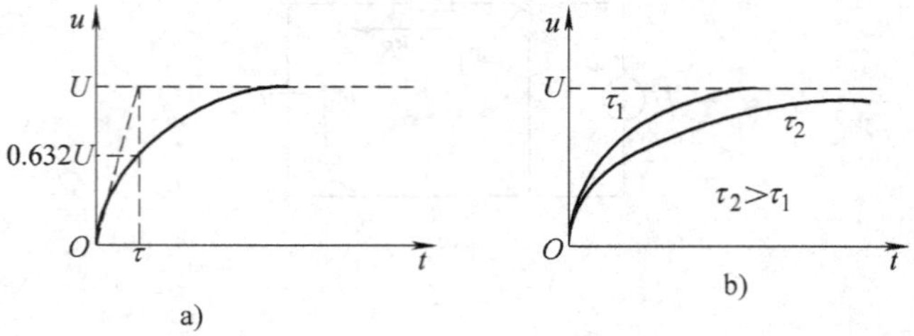

图 2-21 电容充电曲线对电压 u_C 及时间常数 τ 影响

电路过渡过程的时间理论上是无限长的，但在工程上，可认为经过$(3\sim5)\tau$ 的时间，过渡过程就已经结束。

2. RC 电路的矩形脉冲响应

若将周期性的矩形脉冲信号，加在电压初始值为零的 RC 电路上，如图 2-22 所示，实质就是电容连续充、放电的动态过程，其响应是零输入响应，零状态响应还是全响应，与电路的时间常数 τ 和矩形脉冲宽度 t_p 的相对大小有关。如果 $t_p \geqslant 5\tau$，则如图 2-22 所示，可看做阶跃激励下的零状态响应与零输入响应的交替过程；反之则为全响应。

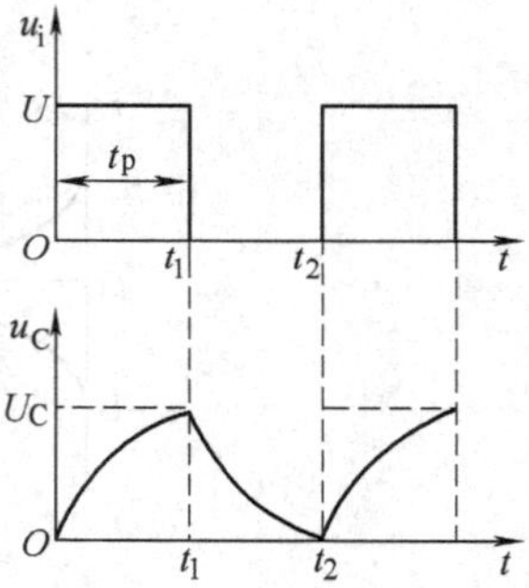

图 2-22 RC 电路的矩形脉冲响应

（1）微分电路 图 2-23a 为 RC 串联电路，由 R 两端输出电压 u_o，如果选择适当的电路参数，使电路的时间常数 $\tau \ll t_p$。由于 τ 很小，电容充、放电很快，在矩形脉冲持续时间内 $u_C \approx u_i$，那么

$$u_o = iR = RC\frac{du_C}{dt} \approx RC\frac{du_i}{dt} \tag{2-31}$$

可见输出电压近似与输入电压的微分成正比，故称微分电路。电路输出电压 u_o 的波形为图 2-23b 所示的正负交替的尖峰波（尖脉冲）。

（2）积分电路 图 2-24a 所示 RC 电路，是由电容 C 两端输出电压，如果选择适当的电路参数，使电路的时间常数 $\tau = RC \gg t_p$，由于 τ 较大，电容充、放电缓慢，则 $u_R \approx u_i$，那么

$$u_o = \frac{1}{C}\int i dt = \frac{1}{C}\int\frac{u_i - u_o}{R}dt = \frac{1}{C}\int\frac{u_R}{R}dt \approx \frac{1}{RC}\int u_i dt \tag{2-32}$$

可见，输出电压近似与输入电压的积分成正比，故称积分电路，输出电压 u_o 的波形如图 2-24b 所示。

3. 用示波器测定时间常数

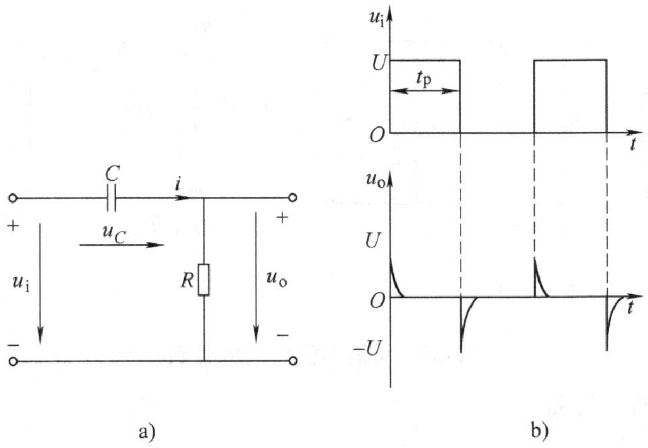

图 2-23　微分电路

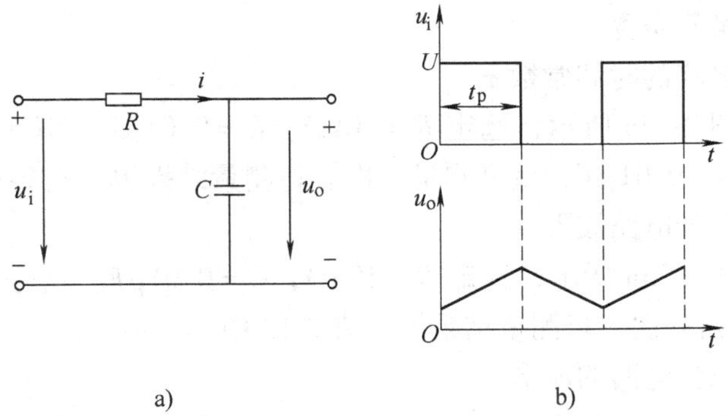

图 2-24　积分电路

RC 电路的结构参数一定时，时间常数 τ 一定，可用双踪示波器来测量电路的时间常数。测量某 RC 串联电路的时间常数 τ 实验电路如图 2-25a 所示。输入信号由函数信号发生器提供，为矩形脉冲信号，输入信号加在示波器通道 1，调节信号源占空比旋钮，使占空比约为 50%，电压幅度在示波器上高度约 3～5 格（3～5cm）。输出信号 u_o（即 u_C）加在示波器的通道 2（应注意信号源、示波器、u_i 和 u_o 的“共地”）。调节示波器的 Y 轴移位旋钮，使 u_i 与 u_o 的基线一致，调节信号源的频率（$t_p > 5\tau$），使 u_i 与 u_o 的幅度相同，这样叠加成如图 2-25b 所示的波形，在 u_o 上找到 $0.632U$ 处的点为 Q，则 Q 点在水平方向对应的距离 OP（cm）乘以示波器扫描时间因数（t/cm），即为时间常数 τ。

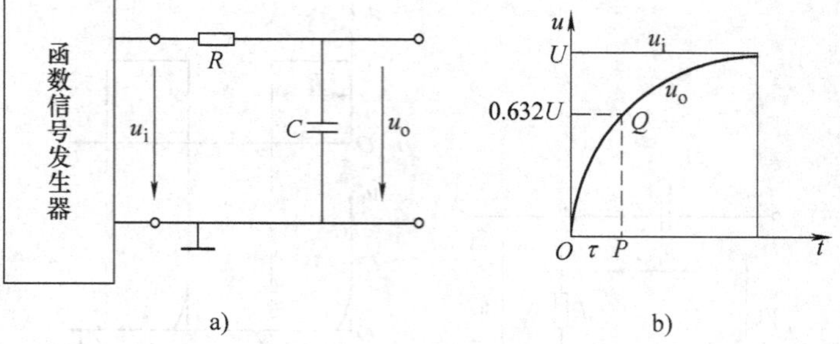

图 2-25 示波器测定时间常数

四、实验仪器及设备

1）双踪示波器。

2）函数信号发生器。

3）数字交流毫伏表。

4）RC 过渡过程实验板及导线若干。

五、实验任务及步骤

1. 测定 RC 电路的时间常数 τ

实验电路如图 2-25a 所示，选定 $R=10\text{k}\Omega$，$C=0.01\mu\text{F}$，用示波器进行测量；再选 $R=20\text{k}\Omega$，$C=0.01\mu\text{F}$，重复测量一次。将测量结果填入表 2-12 中。

2. 观察 RC 微分电路波形

实验电路如图 2-23a 所示，选定 $R=10\text{k}\Omega$，$C=0.01\mu\text{F}$，信号源频率 $f=1\text{kHz}$ 和 $f=500\text{Hz}$ 各观察一次。将测量结果填入表 2-12 中。

3. 观察 RC 积分电路的波形

实验电路如图 2-24a 所示，选定 $R=10\text{k}\Omega$，$C=0.01\mu\text{F}$，信号源频率 $f=1\text{kHz}$ 和 $f=500\text{Hz}$ 各观察一次。将测量结果填入表 2-12 中。

表 2-12 RC 电路的过渡过程参数测量表

电路类型	R/kΩ	C/μF	电源频率 f	τ（计算）	Y_1 衰减档位	Y_2 衰减档位	扫描时间档位	波形
测 τ 电路	10	0.01						
	20	0.01						
微分电路	10	0.01	1kHz					
	10	0.01	500Hz					
积分电路	10	1	1kHz					
	10	1	500Hz					

六、思考题

1）在电路参数已给定的 RC 微分电路和积分电路中，当输入脉冲频率改变时，输出波形是否改变，为什么？

2）RC 串联电路的时间常数 $\tau = RC$，试从物理意义上说明为什么 τ 与 RC 的大小成正比？

3）观察微分及积分电路的输出波形时，各应测哪个元件上的波形？

七、实验总结报告

1）将测量所得时间常数 τ 与计算值进行比较。

2）在坐标纸上描绘出各实验任务所测量的波形图。

3）回答思考题。

实验七 三相异步电动机直接起动与正反转控制

一、实验目的

1）掌握三相异步电动机的正确接线以及起动、反转的操作方法。

2）了解按钮、接触器和各种继电器等常用控制电器的结构、工作原理及其在控制电路中的应用。

3）学习异步电动机基本控制电路的联接，培养分析和排除电路故障的能力。

二、预习要求

阅读本次实验所介绍的内容，复习教材上的有关内容。

三、实验原理

三相异步电动机的继电接触器控制电路，在实际生产中被广泛应用。通过实验，学习几种常用的基本典型控制电路的联接及观察动作过程。

1. 几种常用的控制电器

控制电路都是由一些控制电器构成的，下面介绍本次实验用到的控制电器。

（1）熔断器 熔断器俗称保险，它的主要部件是熔体，或称熔丝。熔丝用电阻率较高的易熔合金制成。线路正常工作时，熔丝不应熔断，在发生短路或严重过载时，熔丝便立即熔断。

对于照明电路，应选熔丝的额定电流稍大于电路的工作电流。对于一台异步电动机的电路，熔丝的额定电流 I_N 一般按 $I_N = I_{st}/(1.6 \sim 2.5)$ 的关系选取，其中 I_{st} 为电动机的起动电流。对于多台电动机合用的总熔丝的额定电流一般按 $I_N = I_{stm} + I/2.5$ 的关系选取，其中，I_{stm} 为最大容量电动机的起动电流；I 为其余电动机额定电流之和。

（2）按钮 按钮通常用来接通和断开控制电路，从而控制其他电器或电动机运行或停止。原来就接通的触点，称为常闭触点或动断触点；原来就断开的触点，称常开触点（也称动合触点）。复合按钮有一个常开触点和一个常闭触点，用手按下钮帽时，常闭触点断开，常开触点闭合，手放开后又各自恢复原状。按钮的触点数及类型可根据需要组合。按钮的常开触点在控制电路中作为发出接通电路的命令信号用，称为起动按钮，一般常闭触点作为停止按钮。

（3）交流接触器　交流接触器是一种适用于中远距离频繁接通和断开大容量电路的自动电器，主要控制对象是电动机或其他电力负载。

交流接触器由电磁机构、触头系统和灭弧装置三部分构成。工作原理是：当接触器的线圈通电后，电磁铁产生的磁吸力克服弹簧的阻力，吸引衔铁使磁路闭合，衔铁运动时通过机械机构将常闭触头断开，将常开触头闭合。线圈断电后，依靠弹簧的作用，使各触头又恢复到通电前的状态。

接触器的额定工作电压、电流是指其主触头的工作电压和电流，接触器线圈的额定电压与触头工作电压不同。接触器的触头数量较多，有主触头，可通断较大电流（接在电动机主电路中），有辅助触头，只能通断较小的电流，一般接在控制电路中。

在选用接触器时，应考虑触头的额定工作电压、电流和触头的数量，尤其要注意线圈的额定电压。要求线圈的额定电压与电源电压对应。当线圈电压为380V时，线圈两条接线应接入电源的两根相线（俗称火线）；线圈电压为220V时，线圈两条接线应一根接相线，一根接中性线（N线）。

（4）热继电器　热继电器是一种利用电流的热效应而动作的控制电器。用两种热膨胀系数不同的金属材料碾压而成的双金属片，绕在发热元件上（电阻不大的电阻丝），发热元件上通过的是主电路的电流。如果发热元件中通过主电路的额定电流，双金属片变形不大，继电器不动作。如果主电路过载，电流增大，发热元件产生的热量，使双金属片变形增大，经过一定时间，超过一定程度后，双金属片自由端上翘超出扣板，通过机械机构使热继电器的常闭触头断开，这对触头使控制电路断电，从而使主电路断电，使电动机等电器设备受到保护。

热继电器的主要技术数据是整定电流。热元件中通过的电流不大于整定电流数值，热继电器不动作，如果通过的电流是整定电流的1.2倍，则热继电器约20min内动作，一般按照整定电流与主电路额定电流一致的原则选用热继电器。热继电器的整定电流是可以在一定范围内调节的。当电路发生短路事故时，要求电路立即断开，由于热惯性，热继电器是不能立即动作的，因此热继电器不能做短路保护，只能作为过载保护。

以上几种电器实验室都有实物，实验前应仔细观察，弄清其结构、动作过程及使用方法。

2. 设计控制电路的基本原则

设计控制电路时，首先必须弄清楚所要设计的控制电路的基本要求，其需几台电动机，各电动机的动作顺序、相互关系、工作方式等，需要哪些安全保护措施，电路本身需要哪些保护环节，如自锁、互锁、短路、过载和限位等。根据电源电压及控制对象的负荷大小，选择各控制电器的型号，如工作电压、电流、触点数量、线圈电压等。控制电路既要合理并满足要求，又要简单节省电器元件。采用规定的图形符号和文字符号，根据动作顺序画出原理电路图。电路图中各电器的触头都应处于常态的位置，即交流接触器是指线圈没有通电时各触头位置；按钮是指没有受到压力时的位置。

注意：电动机的金属外壳必须直接接保护接地线（PE 线），以确保实验人员的人身安全。

3. 三相异步电动机直接起动电路

图 2-26 所示为三相异步电动机直接起动控制电路，它是一种最基本和常用的电路。先接通电源开关 Q，为电动机起动作准备，当按下起动按钮 SB_2 时，交流接触器 KM 线圈通电，其常开主触头闭合，电动机起动。KM 的常开辅助触头也闭合，以保证松开按钮后，KM 线圈仍有电，电动机仍能继续运转。辅助触头的这种作用称自锁。若需电动机停转，按动停止按钮 SB_1，KM 线圈断电，常开主触头断开，切断电源，电动机停转。辅助常开也断开，这时放开停止按钮 KM 线圈也不会有电，若要电动机再次运行，则必须重新按动起动按钮。图中的熔断器 FU 起短路保护作用。热继电器 FR 起过载保护作用。若电动机过载，热继电器热元件流过的电流过大，发热严重，双金属片变形使热继电器的常闭触头断开，KM 线圈断电，电动机停转。

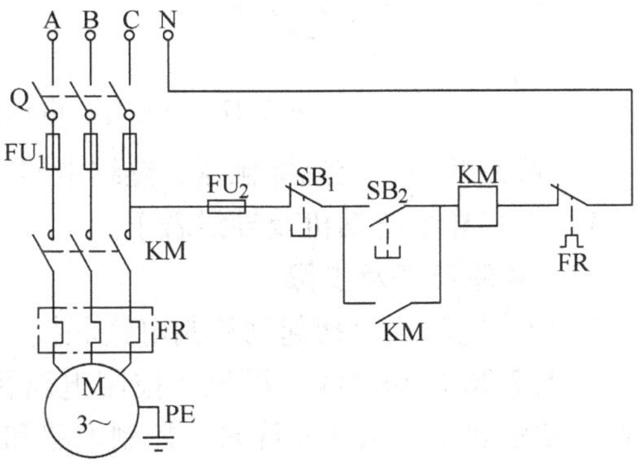

图 2-26　三相异步电动机直接起动控制电路

4. 三相异步电动机的正反转控制电路

图 2-27 所示为三相异步电动机正反转控制电路，KM_1 控制电动机 M 正转，KM_2 控制电动机 M 反转。正反转控制电路的特点是：在控制电路中，正转接触器 KM_1 的一个常闭辅助触头串接在 KM_2 的线圈电路中，KM_2 的一个常闭辅助触头串接在 KM_1 线圈电路中。这两个常闭辅助触头起互锁作用（联锁作用）。若没有这一对互锁触头，当两个接触器 KM_1、KM_2 同时通电接通时，由图 2-27 主电路可知，电源中的两相通过它们的主触头会发生电源短路。该电路还要求在正转过程中要反转，则必须先按停止按钮 SB_1，KM_1 线圈断电，使互锁触头恢复闭合，再按反转起动按钮 SB_3，电动机才能反转。

四、实验仪器及设备

1）DGJ—3 电工技术实验装置。

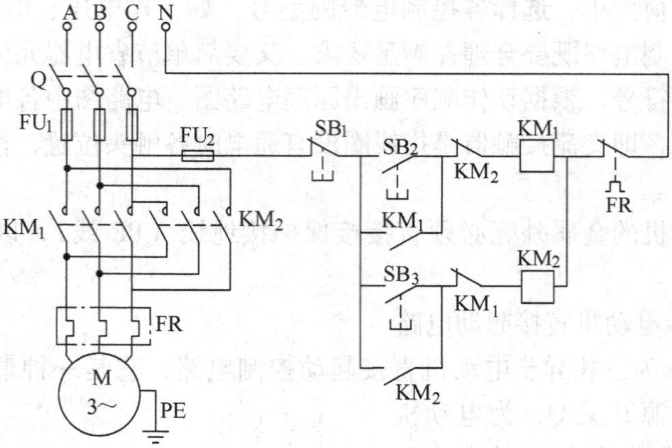

图 2-27 三相异步电动机正反转控制电路

2）按钮开关、交流接触器、热继电器。

3）三相异步电动机及导线若干。

五、实验任务及步骤

1. 异步电动机直接起动控制电路联接

按图 2-26 电路联线，可先联控制电路再联主电路，根据电路图从上到下、从左到右顺序联接。条件允许时，控制电路和主电路可采用不同粗细或不同颜色的导线进行联接。接好线后，在电源开关断开的情况下，用万用表电阻档测量控制电路两端的电阻，应是无穷大，按下起动按钮后，测得的电阻值应是接触器线圈阻值，则说明控制电路无短路和断路现象。

检查主电路接线无误后，接通电源开关 Q，接下起动按钮 SB_2，观察电动机起动及运行情况，按下停止按钮 SB_1，电动机停转；若电动机不转或发出嗡嗡声，则应立即断开电源开关，检查熔断器 FU 是否有熔断的，接触器常开触头是否能全部闭合良好，电动机定子绕组联线是否接好，或是断开电动机的联线。闭合电源开关，按起动按钮，用万用表交流电压档测量主电路各处电压，判断主电路故障之所在，再单独检查电动机，排除故障。

断电情况下，去掉起动按钮所并联的接触器的常开触头（自锁触头），然后通电，按起动按钮，电动机运转，松开按钮电动机自行停转，体会自锁作用。

电动机正常运行，断开电源开关，模仿电网停电，电动机自行停转。重新合上电源开关，但不操作起动按钮，电动机不会自行起动，体会失压保护作用。

2. 异步电动机正反转控制电路的联接

按图 2-27 联接电路，检查接线无误后，接通电源开关 Q，按正转起动按钮 SB_2，观察电动机转动情况及转向，若正常，按停止按钮 SB_1，观察电动机转向，再按反转起动按钮 SB_3，电动机应改换转向，若电动机转向不变，调换反转接触器

KM_2 主触头接向电动机的两根导线即可，重新起动电动机，观察这时的转向。完成实验后注意将导线收整齐。

六、思考题

1）如何用万用表判断按钮、交流接触器等控制电器的常开、常闭触头、线圈是否良好？

2）交流接触器线圈的额定电压为380V，如果误接到220V电源上，会产生什么后果？为什么？

3）控制电路中能否将两个接触器的线圈串联联接，为什么？

4）在图2-26所示电路中，自锁触头采用接触器的常闭触头会出现什么现象？在图2-27所示电路中，互锁触头采用常开触头将出现什么情况？

5）为了提高电动机的转矩，可否将额定电压为220V的电动机接到380V的电源上，为什么？

6）试说明电动机负载增加时，电动机的转速 n，定子电流 i_1 及输入功率 P_1 随之变化的情况。

7）某三相异步电动机铭牌数据如下：$P_N = 10kW$，$n_N = 1460r/min$，$U_N = 220/380V$，$\cos\varphi_N = 0.85$，$\eta_N = 0.82$，$T_{st} = 1.5T_N$，$I_{st}/I_N = 6.5$，接法△/Y，电源线电压为220V，问该电动机应采用保种接法？试计算 I_N、S_N、T_N，采用Y-△换接起动时的起动电流和起动转矩，当负载转矩为电动机额定转矩的60%时，采用Y-△换接起动，电动机能否起动？

七、实验总结报告

1）通过实验，总结用万用表检查控制电路的方法。

2）实验过程中有无出现故障，你是如何检查和排除的？

3）回答思考题。

实验八　电动机Y-△换接起动控制与能耗制动控制

一、实验目的

1）了解时间继电器的结构、动作过程、延时时间的调整及在控制系统中的应用。

2）熟悉异步电动机Y-△换接起动控制的运行情况和操作方法。

3）掌握三相异步电动机时间控制原则，能耗制动工作原理及方法。

4）熟悉三相异步电动机时间控制原理，能耗制动接线及调试方法，学会排除故障，了解能耗制动效果。

二、预习要求

1）阅读本次实验所介绍的内容。

2）分析异步电动机 Y-△换接起动控制电路和能耗制动控制电路的动作过程。了解桥式直流电源板的工作原理及使用接线。

三、实验原理

1. 异步电动机 Y-△换接起动控制

异步电动机 Y-△换接控制电路主要应用于正常运行时为三角形接法的电动机，起动时电动机采用 Y 形接法，起到降低绕组相电压和起动电流的作用，减小对电网的冲击。

异步电动机 Y-△换接起动控制常用的有以下两种方法：

1）按时间 Y-△换接起动控制，用时间继电器控制 Y-△自动换接起动。

2）手动控制 Y-△换接起动。

本次实验只介绍时间继电器控制的 Y-△换接起动控制线路。

按时间原则控制电路的特点是相关动作之间有一定的时间间隔，使用的元件主要是时间继电器。时间继电器是一种延时动作的继电器，它从接受信号（如线圈通电）到触点动作之间有一定的时间间隔。此时间间隔可按需要预先整定，以协调和控制生产机械的各种动作。时间继电器的种类通常有电磁式、电动式、空气式和电子式等。其基本功能可分为通电延时式和断电延时式两类。

时间继电器的延时时间通常可在 0 ~ 99s 范围内调节。

按时间原则控制笼型异步电动机 Y-△换接自动换接起动的控制电路如图 2-28 所示。

从主回路看，当接触器 KM_1、KM_2 主触头闭合，KM_3 主触头断开时，电动机三相定子绕组作 Y 连接；而当接触器 KM_1 和 KM_3 主触头闭合，KM_2 主触头断开时，电动机三相定子绕组作△连接。因此，在控制电路中先让 KM_1 和 KM_2 线圈通电闭合，经一定时间的延时后，使 KM_2 线圈断电，而使 KM_3 线圈通电，则电动机就实现了降压起动后自动转换到正常△形接法的工作运转状态。图 2-28 所示的控制电路能满足上述要求。该线路具有以下特点：

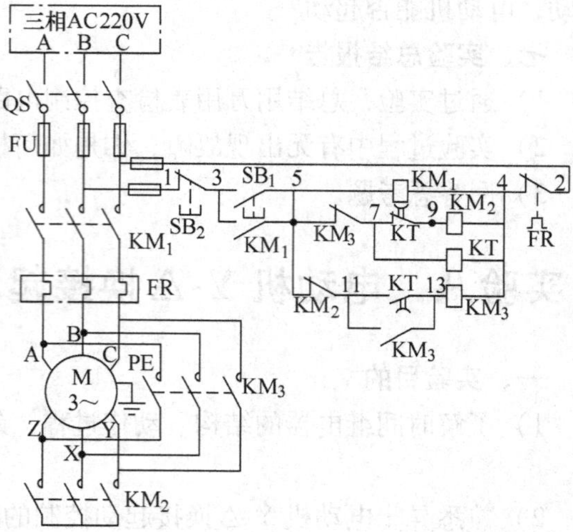

图 2-28　笼型异步电动机按时间 Y-△换接起动控制电路

1）接触器 KM_3 与 KM_2 通过动断触头 KM_3（5 ~ 7）与 KM_2（5 ~ 11）实现电气互锁，保证 KM_3 与 KM_2 不会同时得电，以防止三相电源的短路事故发生。

2）依靠时间继电器 KT 延时动合触头（11～13）的延时闭合作用，保证在按下 SB_1 后，使 KM_2 和 KT 线圈先得电，并依靠 KT（7～9）先断，KT（11～13）后合的动作次序，保证 KM_2 先断，而后再自动接通 KM_3，避免了换接时电源可能发生的短路事故。

3）本线路正常运行（△接）时，接触器 KM_2 及时间继电器 KT 均处断电状态。

4）由于实验装置提供的三相笼型电动机每相绕组额定电压为 220V，而 Y/△换接起动的使用条件是正常运行时电动机必须按△接，实验室的三相电源采用自耦调压器，将输出端（A、B、C）线电压调至 220V。

2. 异步电动机能耗制动控制

异步电动机能耗制动控制具有制动力强、制动平稳、无大的冲击等优点；应用能耗制动能使生产机械准确停车，被广泛用于矿井提升和起重机运输等生产机械。

缺点：需要直流电源、低速时制动力矩小。电动机功率较大时，制动的直流设备投资大。

1）三相笼型电动机实现能耗制动的方法是：是把处于电动机运行状态的电动机定子绕组从三相交流电源上切除，在其中任意两相同时接入直流电源，直流电流流过电动机定子绕组，在电动机气隙中产生一个静止的恒定磁场，转子因惯性继续按原方向旋转，转子导体切割恒定磁场产生感应电动势和感应电流，转子感应电流与恒定磁场相互作用产生电磁力与电磁转矩，该电磁转矩起制动作用，使电动机转速迅速下降，直至为 0；当 $n=0$ 时应迅速切断直流电源。通常采用时间继电器进行控制。

2）能耗制动控制过程的强弱，与通入直流电流大小和电动机转速有关，在同样转速下，电流越大，制动作用就越强烈，一般直流电流取为空载电流的（3～5）倍为宜。

四、实验仪器及设备

1）DGJ—3 电工技术实验装置。

2）按钮开关、交流接触器、时间继电器、热继电器。

3）变压器、整流电源、制动电阻 $R_T=10\Omega/25W$ 等。

4）数字直流电流表。

5）三相异步电动机及导线若干。

五、实验内容及步骤

1. 时间继电器控制 Y-△自动换接起动线路

观察空气阻尼式时间继电器的结构，认清其电磁线圈和延时动合、动断触头的接线端子。用手推动时间继电器衔铁，模拟继电器通电吸合动作，用万用电表 Ω 档测量触头的通与断，以此来大致判定触头延时动作的时间。通过调节进气孔螺钉，即可整定所需的延时时间。

实验线路电源端接自耦调压器输出端（A、B、C），调压器输出线电压为220V。各电器的线圈电压也为220V。

1）按图2-28线路进行接线，先接主回路后接控制回路。要求按图示的节点编号从左到右、从上到下，逐行连接。

2）在不通电的情况下，用万用电表Ω档检查线路连接是否正确，特别注意KM_2与KM_3两个互锁触头KM_3与KM_2是否正确接入。经指导教师检查后，方可通电。

3）开启控制屏电源总开关，按控制屏起动按钮，接通220V三相交流电源。

4）按起动按钮SB_1，观察电动机的整个起动过程及各电器的动作情况，记录Y-△换接所需时间。

5）按停止按钮SB_2，观察电动机及各电器的动作情况。

6）调整时间继电器的整定时间，观察接触器KM_2、KM_3的动作时间是否相应地改变。

7）实验完毕，按控制屏停止按钮，切断实验线路电源。

2. 异步电动机能耗制动控制

笼型异步电动机接成△形，实验电路如图2-29所示，电源线电压为220V。将时间继电器的延时时间整定为3～5s。

操作过程为：

1）按SB_1，使电动机起动运转，待运转平稳后，按SB_2，观察电动机制动时间及时间继电器的动作情况。

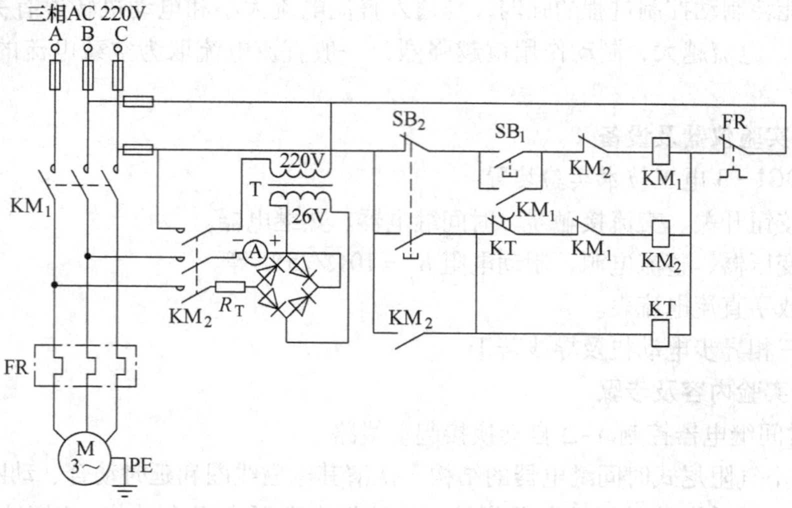

图2-29 异步电动机能耗制动控制实验电路

2）重新整定时间继电器的延时时间，使时间继电器的延时时间稍大于电动机制动时间，重复上述操作。

六、思考题

1）采用Y-△换接起动对鼠型异步电动机有何要求？

2）如果要用一只断电延时式时间继电器来设计异步电动机的Y-△换接起动控制线路，试问三个接触器的动作次序应作如何改动，控制回路又应如何设计？

3）控制回路中的一对互锁触头有何作用？若取消这对触头对Y-△降压换接起动有何影响？可能会出现什么后果？

4）降压起动的自动控制线路与手动控制线路相比较，有哪些优点？

5）能耗制动为什么交流电源和直流电源不允许同时接入电动机定子绕组？

6）电动机制动停车需在两相定子绕组通入直流电，若通入单相交流电，能否起到制动作用，为什么？

七、实验总结报告

1）归纳总结实验现象和结果。

2）回答思考题。

实验九　电气控制电路综合设计

一、实验目的

1）通过对异步电动机的正反转控制及顺序起、停控制线路的设计，掌握电气线路设计原则和电气原理图的绘制及实际电路的调试方法。

2）加深对电动机控制中各种控制环节及保护、自锁、互锁等的理解。

3）学会分析和排除继电-接触器控制线路故障的方法。

4）提高学生独立完成电路设计的能力和编写设计性实验报告的能力。

二、预习要求

1）复习交流接触器、按钮开关、热继电器、时间继电器等元器件的工作原理及使用。

2）根据设计题目要求，自行选择2～4个题目查阅有关资料，画出设计电路的原理图并分析控制过程。

三、设计题目及要求

1. 只有按钮互锁的可逆起停电机正反控制电路

要求：1）对电动机可实现正反转控制。

2）利用复合按钮实现正反转互锁，即电动机从正转直接到反转或直接从反转到正转不需按停止按钮。

3）按SB_1，无论正转、反转，电动机均停止运行。

4）要求电路有短路及过载保护环节。

2. 电动机的正反转控制电路

要求：1）对电动机可实现正反转控制。

2）电动机先正向起动运行，经过延时后可直接转换到反向运行。

3）通过按钮可将反向运行转换到正向。

4）要求电路有短路及过载保护环节。

3. 两台电动机的顺序起停控制

要求：1）电动机 M_1 先起动，电动机 M_2 后起动。

2）电动机 M_2 先停车，电动机 M_1 后停车。

3）要求电路有短路及过载保护环节。

4. 两台电动机的延时顺序控制

要求：1）电动机 M_1 起动后经延时电动机 M_2 自行起动。

2）电动机 M_2 起动后，电动机 M_1 立即停车。

3）要求电路有短路及过载保护环节。

5. 三台电动机延时顺序控制

M_1 作为润滑油泵电动机，M_2 冷却液泵电动机，M_3 主轴电动机。

三台电动机的动作要求是：M_1 先起动，M_1 起动 10s 后 M_2 自行起动，M_3 必须在 M_1、M_2 都运行后，才能起动。停机时 M_3 先停机 M_1、M_2 方可停机。主轴电动机应有过载保护，电路要有短路保护。

6. 时间继电器控制的电动机间歇运行

要求：需要电动机开开停停，称为“间歇运行”。

①按下按钮手动开关 S，电动机 M 运行。

②运行一段时间后，电动机 M 停机。

③经过一段时间后电动机 M 重新起动再次运行。如此反复。

④要求电路有短路及过载保护环节。

提示：利用一个继电器、二个延时继电器的常开、常闭触点设计电路图。

7. 工作台自动往返控制

要求：由一台电动机控制工作台自动往返控制。在工作台两端装有限位开关 SQ_1，SQ_2。

按下按钮 SB_1 工作台（电动机正转）前进。到达终点后，档铁压下限位开关 SQ_2，常闭触点断开正转控制回路，电动机正转停止，同时 SQ_2 常开触点闭合，反转接触器 KM_2 得电动作，工作台（电动机反转）后退。当到达原位时档铁压下 SQ_1，SQ_1 常闭触头断开切断反转控制回路，SQ_1 常开触点闭合，又使 KM_1 得电。电动机又带动工作台前进……实现自动往返控制。

8. 时间继电器控制的电动机 Y-△换接起动

要求：1）电动机先 Y 形起动，延时一段时间后△形运行。

2）电动机正常运行时时间继电器应断电。

主电路：KM_1，KM_2 通电→Y 形起动。

KM_1，KM_3 通电→△形起动，电路有短路及过载保护环节。

9. 手动接触器式 Y-△换接起动

要求：1）按下 SB_2 开关电机先 Y 形起动。

2）电动机正常运行后，按下 SB_1 开关立即转为△形运行。

主电路：KM_2，KM_2 通电→Y 形起动。

KM_2，KM_3 通电→△形起动，电路有短路及过载保护环节。

10. 学生自主创新选择设计的题目（鼓励学生自拟题目）

上述题目仅供学生参考。自行选择 2 ~ 4 个设计题目，查找资料，参照实验室所提供的元器件，要求学生应用已学知识在课外时间设计，并画出主电路、控制电路的原理图。没有电路原理图学生不得进入实验室。

四、实验仪器及设备

1）DGJ—3 电工技术实验装置。

2）按钮开关、交流接触器、时间继电器、热继电器。

3）三相异步电动机及导线若干。

五、实验任务及步骤

依据设计好的电路原理图接线，独立完成调试，发现问题，查找原因，排除故障，直至满足设计要求，由教师予以验收。

六、思考题

1）交流接触器常开主触点与辅助触点有什么区别？各有什么用途？

2）三相异步电动机定子电压过高或过低对电动机有何影响？

3）三相异步电动机如果断掉一根电源线能否起动？为什么？如果在运行时断掉一根电源线能否继续运转？对电动机有何影响？

七、实验报告及总结

1）对实验进行总结，包括由电路设计到操作调试的整个过程中遇到了哪些问题？是如何解决的？

2）通过本次设计性实验你有哪些收获。

3）回答思考题。

第三章　模拟电子技术实验

实验一　单管交流放大电路

一、实验目的

1）学会单管交流放大电路静态工作点的调整与测试方法，分析静态工作点对放大电路性能的影响。

2）掌握单管交流放大电路的电压放大倍数、输入电阻、输出电阻及最大不失真输出电压的测试方法。

3）熟悉并掌握函数信号发生器、示波器、交流毫伏表等常用仪器的使用方法。

二、预习要求

1）复习有关共射极放大电路、共集电极放大电路的基本原理。

2）用给定的晶体管参数计算出本实验测试表格内所要求的值，以便与实验测试结果进行分析对比。

3）熟悉各项测试的实验原理和操作步骤。

4）阅读实验教材中有关函数信号发生器、示波器、数字交流毫伏表等常用仪器的使用方法。

三、实验原理

图 3-1 所示为电阻分压式工作点稳定单管交流放大实验电路。它的偏置电路采用 R_{B1} 和 R_{B2} 组成的分压式电路，并在发射极中接有电阻 R_E 以稳定放大电路的静态工作点。当在放大电路的输入端加入输入信号 u_i 后，在其输出端便可得到一个与 u_i 相位相反、幅值被放大了的输出信号 u_o，从而实现了电压放大。

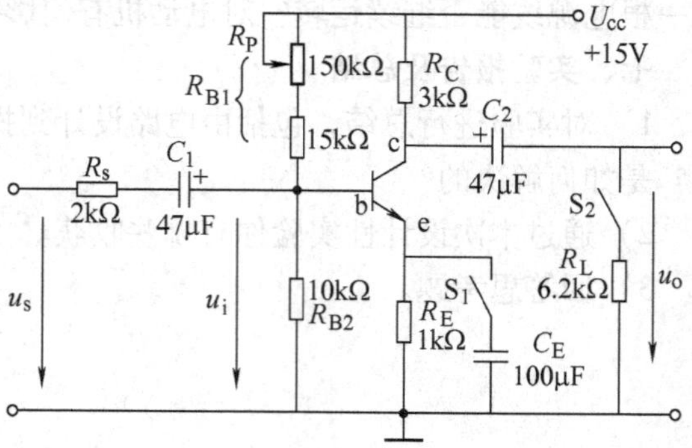

图 3-1　电阻分压式工作点稳定单管交流放大实验电路

1. 放大电路静态工作点的调整和测试

为使放大电路正常工作而不产生输出波形失真，就必须给放大电

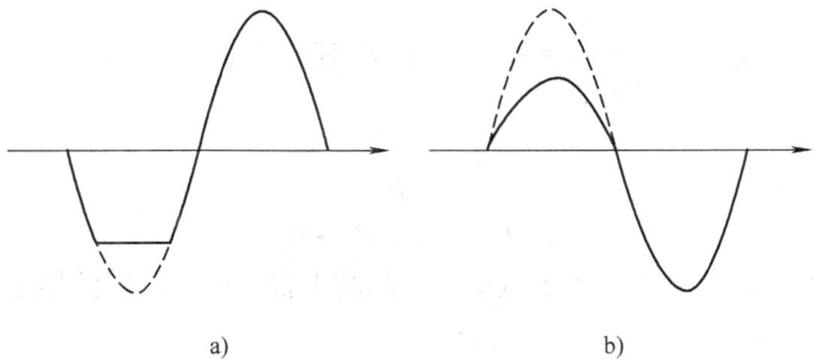

图 3-2　静态工作点对波形的影响

路设置一个合适的静态工作点，静态工作点是否合适，对放大电路的性能和输出波形都有很大影响。在输入信号幅度一定的条件下，如工作点偏高，放大电路易产生饱和失真，此时 u_o 的负半周将被削底，如图 3-2a 所示；如工作点偏低，则易产生截止失真，此时 u_o 的正半周将被削顶，（一般截止失真不如饱和失真明显）如图 3-2b 所示。因此，为了获得最大不失真输出电压，静态工作点应该选在交流负载线的中点。我们知道改变电路参数 U_{CC}、R_C、R_B（R_{B1}、R_{B2}）都会引起静态工作点的变化，如图 3-3 所示。但通常多采用调节偏置电阻 R_{B1} 的方法来改变静态工作点，如减小 R_{B1} 则可使静态工作点提高等。同时要加以说明的是，以上所说的工作点"偏高"或"偏低"不是绝对的，应该是对信号的幅度而言，如输入信号幅度很小，即使工作点较高或较低也不一定会出现失真。所以说产生波形失真是信号幅度与静态工作点设置配合不当所致。为使输入信号得到不失真的放大，放大电路的静态工作点要根据指标要求而定。如希望耗电少、噪声低、输入阻抗高，静态工作点可选得低一些；如希望增益高，静态工作点可适当选择高一些。

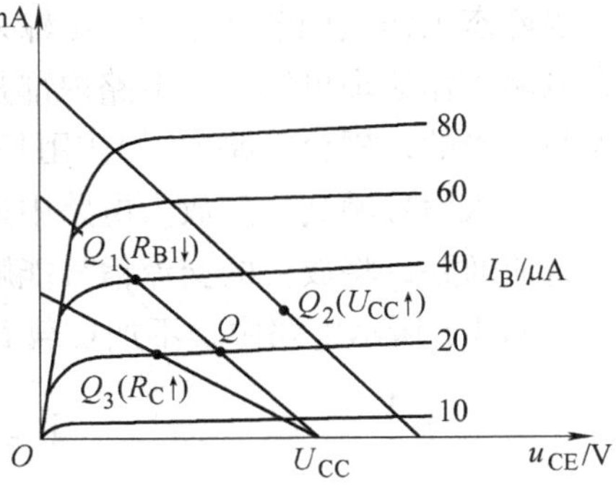

图 3-3　电路参数对静态工作点的影响

在图 3-1 所示电路中，当流过偏置电阻 R_{B1} 和 R_{B2} 的电流远远大于晶体管的基极电流 I_B 时一般取（5 ~ 10）I_B 值，则静态工作点可用下列公式估算：

$$U_{BQ} \approx \frac{R_{B2}}{R_{B1}+R_{B2}} U_{CC} \tag{3-1}$$

$$I_{EQ}=\frac{U_{BQ}-U_{BE}}{R_E}\approx I_{CQ},(\text{一般 } S_i \text{ 管取 } U_{BE}=0.7\text{V}) \tag{3-2}$$

$$I_{BQ}=\frac{I_{CQ}}{\beta} \tag{3-3}$$

$$U_{CEQ}\approx U_{CC}-I_{CQ}(R_C+R_E) \tag{3-4}$$

在调整过程以及测量中，为了避免机壳间的干扰，所有仪器的接地端都要连接在一起，如图 3-4 所示。

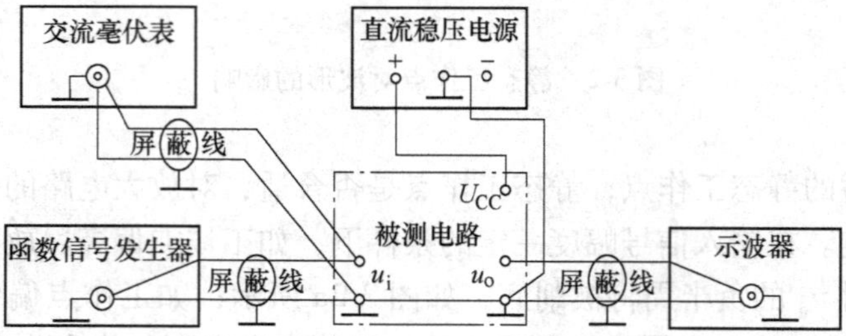

图 3-4 实验仪器连接示意图

2. 电压放大倍数

当静态工作点调节合适后，给输入端加入正弦交流信号进行动态参数测试，由放大电路工作原理可知，在电路内部是交流信号叠加在直流工作点的直流信号进行放大与传输的，耦合电路 C_1 的作用是隔断放大电路与交流信号源的直流通道，而让交流输入信号顺利加到放大电路中进行放大；耦合电路 C_2 是隔断放大电路与负载的直流通路，将放大的交流信号能顺利地输出到负载上，产生交流输出电压。

在图 3-1 所示电路中，不加负载 R_L 时的电压放大倍数为

$$\dot{A}_u=\frac{\dot{U}_o}{\dot{U}_i}=-\frac{\beta R_C}{r_{be}} \tag{3-5}$$

其中

$$r_{be}=\left[300+(1+\beta)\frac{26\text{mV}}{I_{EQ}(\text{mA})}\right]\Omega \tag{3-6}$$

加上负载 R_L 后的电压放大倍数为

$$\dot{A}_u=\frac{-\beta R_L'}{r_{be}} \tag{3-7}$$

式中，$R_L'=R_C /\!/ R_L$

若不加旁路电容 C_E，则放大倍数为

$$\dot{A}_u=\frac{-\beta R_L'}{r_{be}+(1+\beta)R_E} \tag{3-8}$$

显然，不加旁路电容，电压放大倍数减小了，这是由于负反馈所引起的。

测量电压放大倍数，其方法是在放大电路的输入端加一信号电压，用交流毫伏表测量出输出电压和输入电压，两者之比即为电压放大倍数。测量时要用示波器观察输出电压波形，必须在波形不失真的情况下进行。

3. 输入电阻

放大电路的输入电阻是从放大电路的输入端看进去的等效电阻。

$$R_i = R_{B1} /\!/ R_{B2} /\!/ r_{be} \tag{3-9}$$

如图 3-5 所示，在电路放大器的输入端与信号源之间串入一个已知电阻 R_s，用毫伏表分别测出其 U_s 和 U_i 值，则

$$R_i = \frac{U_i}{U_s - U_i} R_s \tag{3-10}$$

测量时应注意下列几点：

1）由于电阻 R_s 两端没有电路公共接地点，所以测量 R_s 两端电压 U_R 时必须分别测出对地的 U_s 和 U_i 值，然后按 $U_R = U_s - U_i$ 求出 U_R 值。

2）电阻 R_s 的数值不宜取得过大或过小，以免产生较大的误差，通常取 R_s 与 R_i 为同一个数量级较为合适。

4. 输出电阻

如图 3-5 所示，在放大电路正常工作情况下，测出输出端不接负载 R_L 时的输出电压 U_o 值和接入负载后的输出电压 U_L 值，根据

$$U_L = \frac{R_L}{R_o + R_L} U_o \tag{3-11}$$

即可求出

$$R_o = \left(\frac{U_o}{U_L} - 1\right) R_L \tag{3-12}$$

式中，U_o 为不接 R_L 时的输出电压值；U_L 为在 U_i 不变条件下，接上 R_L 时的输出电压值。

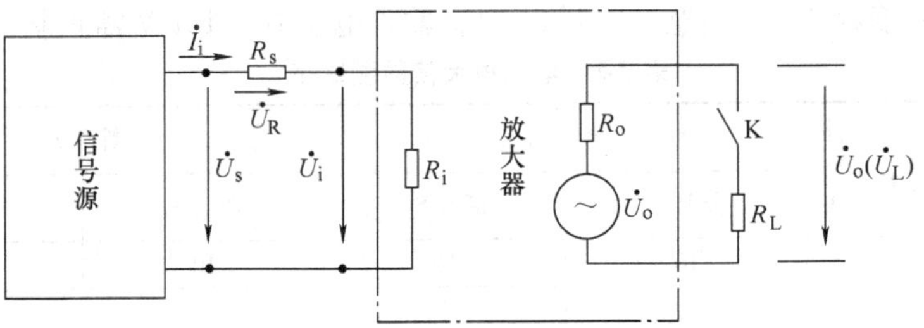

图 3-5　输入、输出电阻测量电路

需要说明的是，测量输入和输出电阻时，都必须在输出电压不失真的情况下测量，因此在测量时要用示波器进行监视。

四、实验仪器及设备

1）KHM—3 型模拟电路实验装置。

2）直流稳压电源。

3）函数信号发生器。

4）双踪示波器。

5）数字交流毫伏表。

6）数字万用表。

7）晶体管单管放大电路实验板及导线若干。

五、实验内容及步骤

1. 熟悉实验电路，按图 3-1 正确连线，电路经检查无误后方可通电。

2. 静态工作点的调整和测试

调整直流稳压电源使电源电压 U_{CC}为 15V 并接入实验电路。同时给电路接入具有一定频率和幅值的正弦波交流信号，通过调节 R_{B1}，用示波器观察输出电压波形使其达到最大不失真幅度，这时可关掉信号源，用数字万用表的电压直流档（V ⎓）测 U_{BQ}、U_{CQ}、U_{EQ}值，并将测量结果填入表 3-1 中，从而计算出放大电路的静态工作点。（注意：静态工作点一旦调好后 R_{B1}就不能再动了）

表 3-1 静态工作点测试表

测量值			计算值		
U_{BQ}	U_{CQ}	U_{EQ}	U_{BEQ}	U_{CEQ}	I_{CQ}

3. 电压放大倍数的测量

按图 3-1 接线，给电路接入输入电压 $U_i = 10\text{mV}$，$f = 1\text{kHz}$ 的正弦波交流信号，当示波器观察的输出波形为放大的、不失真的正弦波时，用数字交流毫伏表测量输入电压 U_i 和输出电压 U_o 值，将测量结果填入表 3-2 中，并根据测量值计算出该电路的电压放大倍数 A_u。（注意：断开 S_1 时，输入电压 $U_i = 10\text{mV}$ 需重新测量）

表 3-2 电压放大倍数测试表

条件 / 测量值 / 种类	合上 S_1		断开 S_1	
	合上 S_2	断开 S_2	合上 S_2	断开 S_2
U_i/mV	10	10	10	10
U_o/V				
A_u				

4. 观察静态工作点的变化对输出电压波形的影响

按图 3-1 接线，调节 R_{B1} 将静态工作点调高或调低，直至输出波形产生明显饱和失真和截止失真（如截止失真不明显，可以从波形正负幅度或宽度是否对称来判别，或适当加大输入信号 U_i，直到 U_o 有明显失真为止），画出此时的 U_o 的波形，用数字万用表的电压直流档（V ⎓）测量 U_{BQ}、U_{CQ}、U_{EQ}，并将测量结果和计算值填入表 3-3 中。（注意做此项内容时，S_1 必须闭合）

表　3-3

种类 / 测量值 / R_{B1}	测量值			计算值			波形
	U_{BQ}	U_{CQ}	U_{EQ}	U_{BEQ}	U_{CEQ}	I_{CQ}	U_o
R_{B1} ↑							u_o
R_{B1} ↓							u_o

5. 测量输入电阻

如图 3-1 所示，给电路加入 $f = 1\text{kHz}$ 的正弦波交流信号，用示波器观察输出波形，在波形电压不失真的情况下，用交流毫伏表分别测出 U_s 和 U_i 值，将测量结果填入表 3-4 中，并由式（3-10）计算出输入电阻。

6. 测量输出电阻

内容 5 的条件不变，用交流毫伏表分别测量出 S_2 闭合时的 U_L 值和 S_2 断开时的 U_o 值。将测量结果填入表 3-4 中，并由式（3-12）计算出输出电阻。

表 3-4　输入、输出电阻测试表

测量输入电阻			测量输出电阻		
测量值		计算值	测量值		计算值
U_s/mV	U_i/mV	R_i/kΩ	U_o/V	U_L/V	R_o/kΩ

六、思考题

1）能否用直流电压表直接测量晶体管的 U_{BEQ}？为什么实验中要采用测 U_{BQ}、U_{EQ} 后，再间接算出 U_{BEQ} 的方法？

2）电路中 C_1、C_2 为什么用电解电容？其作用是什么？

3）饱和失真和截止失真是怎样产生的？如果输出电压波形既出现饱和失真，又出现截止失真，是否说明静态工作点设置不合理？

七、实验总结报告

1）整理实验数据和波形、并根据实测数据与理论计算值进行比较，分析产生误差的原因。

2）静态工作点对交流放大电路输出波形有何影响？为什么？

3）画出失真波形，分析产生截止与饱和失真的原因，说明消除这两种失真的措施。

4）回答思考题。

实验二　阻容耦合多级放大电路

一、实验目的

1）研究多级放大电路的电压放大倍数与各级放大倍数之间的关系。

2）掌握多级放大电路各级电压放大倍数、输入电阻、输出电阻及最大不失真输出电压的测试方法。

3）研究放大电路的频率特性。

4）进一步熟悉常用电子仪器及模拟电路实验设备的使用。

二、预习要求

1）阅读单管交流放大电路中有关静态和动态指标特性，结合实验指导书复习阻容耦合多级放大电路的有关内容。

2）掌握多级放大电路中的电压放大倍数与各级电压放大倍数之间的关系。

3）熟悉实验教材中有关输入、输出电阻以及幅频特性的测量方法。

三、实验原理

1. 阻容耦合多级放大器

由于单级放大电路的电压放大倍数往往只有几十到上百倍，多数场合不能满足要求，为了获得更大的电压放大倍数，通常把几个单级放大电路连接起来，组成多级放大电路。放大电路级与级之间的连接称为耦合，在多级放大电路中，需采用适当的耦合方式，以保证各级电路能够正常工作，并且使信号不失真地顺利的逐级传送。交流放大器中简单而常用的耦合方式是通过耦合电容来完成的。图 3-6 所示为两级阻容耦合多级放大电路。信号源通过电容 C_1 与第一级相连，第一级的输出通过电容 C_2 与第二级输入相连，第二级的输出又通过 C_3 与负载相连。由于每一级放大电路都具有输入电阻，所以通常把这种耦合方式称为阻容耦合。由于电容对直流相当于开路，故各级的静态工作点互不影响，计算与调整方法与单级放大器完成相同。为了使交流信号能够顺利通过，电容器的容量一般选得较大。

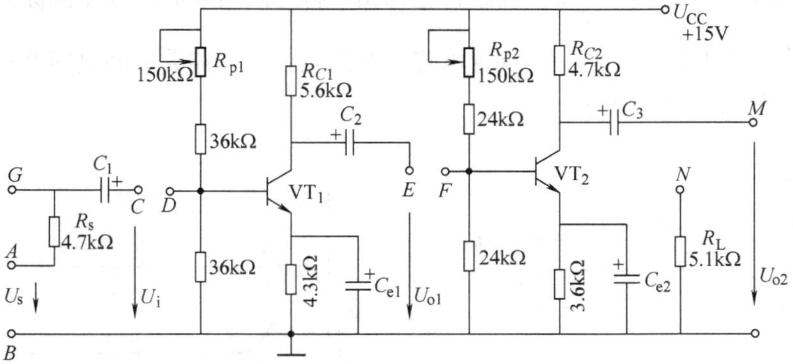

图 3-6　两级阻容耦合多级放大电路

多级放大电路的电压放大倍数 $\dot{A}=\dot{A}_1\dot{A}_2\dot{A}_3\cdots\dot{A}_n$，其中 $\dot{A}_1$、$\dot{A}_2$、$\dot{A}_3$、…、$\dot{A}_n$ 分别为各级的电压放大倍数。多级放大器的输入电阻就是第一级放大电路的输入电阻。多级放大电路的输出电阻就是末级放大电路的输出电阻。需要注意的是后一级放大电路的输入电阻就是前一级放大电路的负载。多级放大电路的通频带要比任何一个单级放大电路的通频带都窄。

2. 放大电路的频率特性（选作）

放大电路的频率特性又称为频率响应，是指在正弦激励下，放大电路输出波形不失真时，其电压放大倍数 $\dot{A}=A\angle\Phi$ 与信号频率 f 的关系。如果信号的幅度不变、而将正弦输入信号的频率连续变化并加到放大器的输入端，则会发现输出电压的大小或电压放大倍数随输入信号的频率而变，A_u 与 f 的这种特性称为放大电路的幅频特性；输出电压与输入电压之间的相角随信号频率的变化特性称为放大电路的相频特性。

放大电路的幅频特性曲线如图 3-7 所示，该图表明放大电路在中频段信号的电压放大倍数最大，而且不随信号频率变化。图中 A_u 为中频段电压放大倍数。在低频段和高频段，随着信号频率的升高或降低其放大倍数随之下降。通常将放大器低频段电压放大倍数下降到中频段的 $\frac{1}{\sqrt{2}}A_{um}=0.707A_{um}$ 处的频率 f_L 称为放大电路的下限频率，而将高频段的电压放大倍数下降到中频段的 $\frac{1}{\sqrt{2}}A_{um}=0.707A_{um}$ 处的频率 f_H 称为放大电路的上限频率，上下频率之差 $B=f_H-f_L$ 称为放大电路的通频带。

放大电路的相频特性曲线如图 3-8 所示，该图说明在中频段放大电路的输出电压比输入电压相位滞后 π，而且不随信号频率变化，在 f_L 处所对应的相位为 $-\frac{3}{4}\pi$，在f_H出所对应的相位为$-\frac{5}{4}\pi$。幅频特性和相频特性随信号频率变化的原因是由于放大电路中存在电抗性元件，如耦合电容、旁路电容、晶体管极间电容及电路元件和导线的分布电容及电感等。

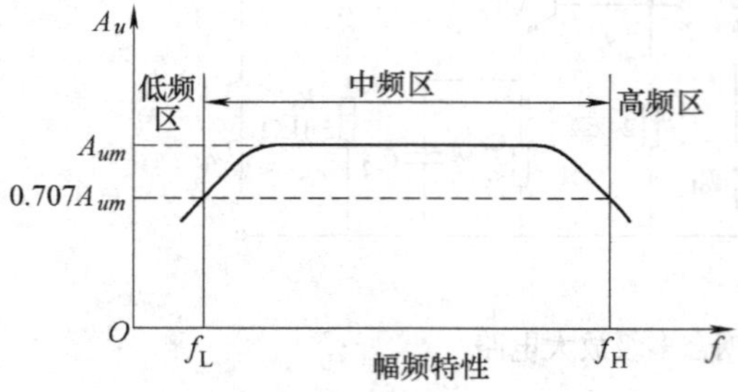

图 3-7 幅频特性曲线

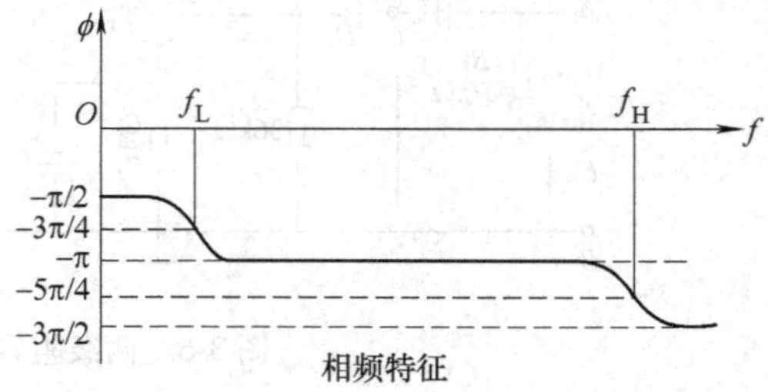

图 3-8 相频特性曲线

测量幅频特性时应保持放大电路的输入信号幅值不变，调节信号的频率，用数字交流毫伏表逐点测出对应不同频率时放大器的不失真输出电压，描绘出A-f曲线，求出f_L和f_H，并计算出B。

四、实验仪器和设备

1）KHM—3 型模拟电路实验装置。

2）直流稳压电源。

3）函数信号发生器。

4）双踪示波器。

5）数字交流毫伏表。

6）数字万用表。

7）阻容耦合多级放大电路实验板及导线若干。

五、实验内容及步骤

1. 熟悉实验电路，按图 3-6 正确连线，电路经检查无误后方可通电。

2. 静态工作点的调整和测试

调整直流稳压电源使电源电压U_{CC}为 15V 并接入实验电路中。连接CD和EF点，从AB端给电路接入具有一定频率和幅值的正弦波交流信号，通过调节R_{p1}和R_{p2}，用示波器观察输出电压波形使其达到最大不失真幅度，需要说明的是静态工作点一旦调好后R_{p1}和R_{p2}就不能再动了；同时在调整第二级时要保证第一级的输出电压波形不失真，这时可关掉信号源，用数字万用表的电压直流档（V ⎓）分别测出两级电路的静态工作点，并将测量值填入表 3-5 中。

表 3-5　两级静态工作点的测量

第一级静态工作点			第二级静态工作点		
U_{BQ}	U_{EQ}	U_{CQ}	U_{BQ}	U_{CQ}	U_{EQ}

3. 电压放大倍数的测量

1）断开 EF，不接负载电阻；在第一级的输入端 AB 间加入 $f=1\text{kHz}$，$U_{i1}=5\text{mV}$ 的正弦波交流号。用数字交毫伏表测出第一级的输出电压 U_{o1}，计算出电压放大倍数 $A_{o1}=\dfrac{U_{o1}}{U_{i1}}$，并将测量结果填入表3-6中。然后断开 C、D，将 C 接到 F，信号频率不变 $f=1\text{kHz}$，使 $U_{i2}=5\text{mV}$ 测出第二级输出电压 U_{o2}，计算出电压放大倍数 $A_{o2}=\dfrac{U_{o2}}{U_{i2}}$，并将测量结果填入表3-6中。（注意：在给电路加入 U_{i2} 时，考虑到电容的极性，应连接 CF 点，输入信号电压仍从 AB 端加入，从而避免前级信号对后级产生影响。）

2）连接 EF，不接负载电阻，在第一级的输入端 AB 间加入 $f=1\text{kHz}$，$U_i=5\text{mV}$ 的正弦波交流信号。用数字交流毫伏表分别测出 U_{o1}、U_{i2} 和 U_{o2}，并计算 $A_1=\dfrac{U_{o1}}{U_{i1}}$，$A_2=\dfrac{U_{o2}}{U_{i2}}$ 将结果填入表3-6中。计算电路的总电压放大倍数 $A=A_1A_2$。

表 3-6　两级电压放大倍数测试表

条件 $R_L=0$		测量值		计算值
		输入电压/mV	输出电压/V	电压放大倍数
EF 点不连接	第一级	$U_{i1}=5$	$U_{o1}=$	$A_{o1}=$
	第二级	$U_{i2}=5$	$U_{o2}=$	$A_{o2}=$
EF 点连接	第一级	$U_{i1}=5$	$U_{o1}=$	$A_1=$
	第二级	$U_{i2}=U_{o1}=$	$U_{o2}=$	$A_2=$
	两级	$U_i=U_{i1}=5$	$U_o=U_{o2}=$	$A=A_1A_2=$

4. 多级放大器输入电阻、输出电阻的测量

1）输入电阻的测量及计算

连接 EF 点，在输入端 AB 间加入 $f=1\text{kHz}$，$U_i=5\text{mV}$ 的正弦波交流信号。用数字交流毫伏表测量 U_s。（注意：信号 U_s 与 U_i 的区别），将测量结果填入表3-7中。由 $R_i=\dfrac{U_i}{U_s-U_i}R_s$ 计算出输入电阻。

2）输出电阻的测量及计算

输入信号同上，用数字交流毫伏表分别测出 MN 连接时，电路带负载电阻 R_L 的输出电压 U_L 以及将 MN 断开时的输出电压 U_o，将测量结果填入表 3-7 中。根据 $R_o=\left(\frac{U_o}{U_L}-1\right)R_L$ 计算出输出电阻。

表 3-7 输入、输出电阻测试表

输入电阻测量			输出电阻的测量		
测量值		计算值	测量值		计算值
U_s/mV	U_i/mV	$R_i=\frac{U_i}{U_s-U_i}R_s$	U_o/V	U_L/V	$R_o=\left(\frac{U_o}{U_L}-1\right)R_L$

5. 幅频特性的测量（选作）

1）保持电路的输入信号 $U_i=5\text{mV}$ 不变，改变信号源频率，找出 $0.707U_o$（U_o 即为以上电路测出的 U_{o2}）所对应的下限频率 f_L 和上限频率 f_H，将测量结果填入表 3-8 中。

2）保持电路的输入信号 $U_i=5\text{mV}$ 不变，改变信号源频率，测量不同频率所对应的输出电压，将数据填入表 3-8 中，注意：在频率特性弯曲的地方可多测几个点，其余可以少测几个点。同时在测量过程中，由于信号源存在内阻，放大电路电抗元件的存在，使输入阻抗随信号频率而改变，致使放大电路的净输入信号会改变，所以，每改变一次频率都要调节输入信号的幅值，使 $U_i=5\text{mV}$ 保持不变。

表 3-8 幅频特性测试表

f				f_L										f_H			
$U_i=5\text{mV}$ 不变																	
U_o																	
A（计算）																	

六、思考题

1）阻容耦合多级放大电路的耦合电容为什么容量都取得比较大？

2）幅频特性的低频段和高频段都有哪些电容起主导作用？

3）通过本实验，总结阻容耦合多级放大电路和单管交流放大电路各自的特点。比较阻容耦合多级放大电路中 A_{o1} 和 A_1、A_{o2} 和 A_2 的相互关系，并分析 A 与 A_1、A_2 间的关系。

七、实验总结报告

1）列表整理测量结果，根据实测数据计算出表格中的内容，并分析产生误差的原因。

2）总结输入电阻、输出电阻的测量方法。

3）分析讨论在调试过程中出现的问题。

4）认真回答思考题。

实验三　集成功率放大器

一、实验目的

1）了解集成功率放大电器的基本性能及其工作原理。

2）学习集成功率放大器基本技术指标的测试方法。

二、预习要求

1）复习有关集成功率放大器部分内容。

2）熟悉最大输出功率和效率的计算方法和测量方法；了解灵敏度和噪声的测试方法。

3）进一步掌握函数信号发生器、示波器、数字交流毫伏表、直流稳压电源等仪器设备的使用。

三、实验原理

在实际应用中，往往需要在放大器的输出级带动一定负载，例如驱动自动控制系统中的执行机构以及驱动扬声器等。因此，要求放大器有足够大的输出功率，即不仅要有足够的输出电压，而且要有足够的输出电流。这种以输出功率为主要目的放大电路称为功率放大器。由集成功放块和一些外部阻容组件构成的集成功率放大器，它具有线路简单、性能优越、工作可靠、调试方便等优点，已经成为在音频领域中应用十分广泛的功率放大器。本次实验使用的是 8FY386（国外型号 LM386）低电压音频功率放大器，该器件应用范围广、功耗低、失真小、电压增益可调（20 ~ 200），适用于电池供电的电源工作。

8FY386 是采用单电源供电的音频功率放大器，它是一种 OTL 电路，图 3-9 所

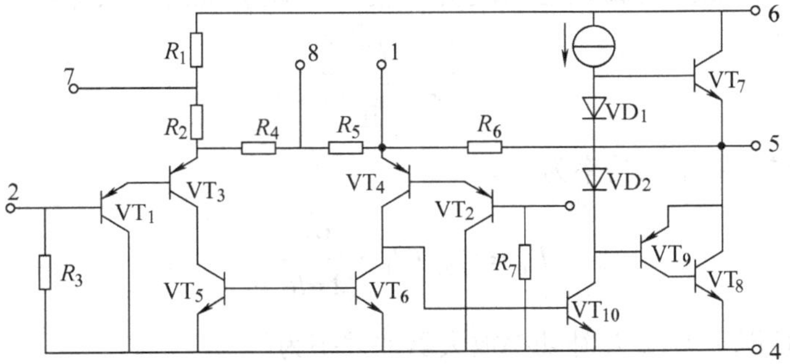

图 3-9　8FY386 的内部电路图

示为8FY386的内部电路图。它由输入级、中间级和输出级组成。晶体管VT_1 ~ VT_6构成复合管差动输入级。输入级的单端输出端输出信号传送至由VT_{10}组成的共射中间级，该级主要作用是提高放大倍数。VT_7、VT_8、VT_9和二极管VD_1、VD_2组成互补对称输出级，VT_8、VT_9等效于一个PNP复合管。为了改善电路的性能由电阻R引入交直流负反馈。

图3-9中，1、8为增益调节端；2为反相输入端；3为同相输入端；4为接地端；5为输出端；6为正电源端；7为去耦端，为防止电路产生自激振荡，通常7端外接旁路电容。

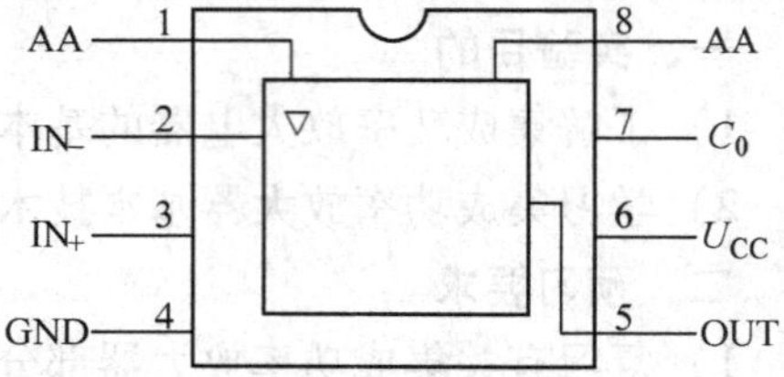

图3-10 8FY386外形及引脚排列图

当1、8端断开时，电路增益为20倍；如果1、8端外接10μF电容时，电路增益便增加到200倍。图3-10为8FY386外形及引脚排列图，其主要电气性能见表3-9。

表3-9 8FY386主要参数

电源电压/V	输出功率/mW	电压增益/dB
+4 ~ +5	250 ~ 700	46
谐波失真	输入电阻/kΩ	输入偏置电流/μA
<0.2%	50	250

在理想情况下，输出电压的最大值$U_{om}=\frac{1}{2}U_{CC}$，所以最大不失真输出功率为

$$P_{om}=\frac{U_{om}}{\sqrt{2}}\cdot\frac{I_{om}}{\sqrt{2}}=\frac{U_{om}}{\sqrt{2}}\cdot\frac{U_{om}}{\sqrt{2}R_L}=\frac{U_{om}^2}{2R_L}=\frac{U_{CC}^2}{8R_L} \tag{3-13}$$

在实验中只需测出负载R_L上信号电压有效值U_o，通过下式即可求得

$$P_{om}=\frac{U_o^2}{R_L} \tag{3-14}$$

直流电源供给的平均功率为

$$P_E=U_{CC}\cdot I_C=\frac{U_{CC}^2}{2\pi R_L} \tag{3-15}$$

所以理想情况下OTL互补功率放大器的效率为

$$\eta = \frac{P_{om}}{P_E}100\% = \frac{U_{CC}^2/8R_L}{U_{CC}^2/2\pi R_L} = \frac{\pi}{4} = 78.5\% \tag{3-16}$$

在实际使用中非理想状态的效率小于这个值，可由测试值计算。输入灵敏度是指输出最大不失真功率时，输入信号 U_i 之值。图 3-11 所示为集成功率放大实验电路图。

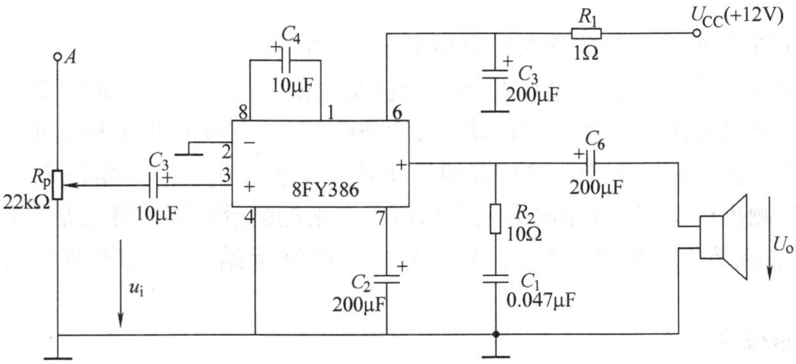

图 3-11　集成功率放大实验电路图

四、实验仪器和设备

1）KHM—3 型模拟电路实验装置。

2）直流稳压电源。

3）函数信号发生器。

4）双踪示波器。

5）数字交流毫伏表。

6）直流毫安表。

7）集成功率放大电路实验板。

8）0.5W、8Ω 扬声器及导线若干。

五、实验内容及步骤

1. 实验电路的连接和调试

按图 3-11 连线，调整直流稳压电源使电源电压 U_{CC} 为 12V 并接入实验电路中。将输入信号的幅值旋钮旋至零，输入端短路，用示波器观察放大电路输出端的波形，看有无高频周期性的波形输出，如有，说明还需要进一步消除自激振荡，可以通过改变 C_1 的数值消除振荡。检查电路工作状态是否正常。实验中应注意以下几点：

1）电源电压不允许超过极限值，不允许极性接反，否则集成块将遭损坏。

2）电路工作时绝对避免负载短路，否则将烧毁集成块。

3）接通电源后，时刻注意集成块的温度，有时未加输入信号集成块就发热过甚，同时直流毫安表指示出较大电流及示波器显示出幅度较大、频率较高的波形；说明电路有自激振荡现象，应立即关机，然后进行故障分析，处理。待自激振荡消除后，才能重新进行实验。

4）输入信号电压 U_i 不能过大。同时将 R_p 电阻由最小开始调节到有输出电压信号为止。

2. 测量电压放大倍数，最大输出功率 P_{om}，电源功耗 P_E

从同相端 A 输入频率 $f=200\text{Hz}$ 的正弦波交流信号电压，信号衰减 20dB，用示波器观察输出电压波形。逐渐增加输入信号电压 U_i，观察输出电压波形使其达到最大不失真为止，用数字交流毫伏表测量此时输入电压 U_i 和输出电压 U_o 的值。用直流毫安表测出电源 U_{CC} 供给的电流平均值 I_C。根据测量结果计算出最大输出功率 P_{om}、电源功耗 P_E 以及电压放大倍数 A_k。并将测量结果及计算值填入表 3-10 中。

3. 测量效率 η

当输出电压为最大不失真输出时，读出直流毫安表中的电流值，此电流即为直流电源供给的平均电流 I_C（有一定误差），由此可近似求得 $P_E=U_{CC}I_C$，再根据上面测得的 P_{om}，即可求出 $\eta=\dfrac{P_{om}}{P_E}$。将计算结果填入表 3-10 中。

表 3-10

测量名称	输入电压 U_i/mV	输出电压 U_o/V	放大倍数 A_k	电流值 I_C/mA	最大输出功率 P_{om}/W	电源功率 P_E/W	效率 η
测量及计算值							

4. 输入灵敏度的测试（选作）

根据输入灵敏度的定义，只要测出输出功率 $P_o=P_{om}$ 时的输入电压值 U_i 即可。

5. 噪声电压的测试（选作）

测量时将输入端短路（$U_i=0$），观察输出噪声波形，并用交流毫伏表测量输出电压，即为噪声电压 U_N，本电路若 $U_N<100\text{mV}$，即满足要求。

6. 试听（选作）

输入信号改为录音机输出，输出端接试听音箱及示波器。开机试听，并观察语言和音乐信号的输出波形。

六、思考题

1）在芯片允许的功率范围内，加大输出功率的措施有哪些？为什么引入自举电路能够扩大输出电压的动态范围？

2）为了不损坏集成芯片，调试中应注意什么问题？

3）如电路有自激现象，应如何消除？

4）若在无输入信号时，从接在输出端的示波器上观察到频率较高的波形，正常否？如何消除？

七、实验总结报告

1）整理实验数据，根据实验结果分析功率放大电路的性能计算 OTL 功率和放大电路的 P_{om}、P_E、I_C、A_k 和 η。

2）分析所测效率 η 小于 78.5% 的原因。

3）在实验测试过程中是否出现什么问题？怎样解决处理的？写出心得体会。

4）回答思考题。

实验四　集成运放组成的基本运算电路

一、实验目的

1）研究由集成运算放大器组成的反相比例、同相比例、积分电路、微分电路、反相加法、减法等运算电路的运算关系及测试方法。

2）了解线性组件的使用方法以及运算放大器在实际应用时应考虑的一些问题。

3）学会使用示波器准确测量输入、输出电压波形的比例关系。

二、预习要求

1）复习集成运放线性应用部分内容，了解运算放大器的基本工作原理和基本运算关系。

2）熟悉反相比例、同相比例、积分电路、微分电路、反相加法、减法等运算电路的特点，根据实验电路的参数计算各电路输出电压的理论值。

三、实验原理

集成运算放大器是一种具有高电压放大倍数的直接耦合多级放大电路。当外部接入不同的线性或非线性元器件组成各种运算电路，且电路中运放应工作在负反馈状态下（线性区），可以灵活地实现各种特定的函数关系。在线性应用方面，可组成比例、加法、减法、积分、微分、对数等模拟运算电路。

1. 理想运算放大器的条件

在大多数情况下，将运放视为理想运放，就是将运放的各项技术指标理想化，满足下列条件的运算放大器称为理想运放。

开环电压增益 $A_{uo}=\infty$，输入阻抗 $r_i=\infty$，输出阻抗 $r_o=0$，带宽 $f_{BW}=\infty$，失调与漂移均为零等。

2. 理想运放在线性应用时的两个重要特性

1）输出电压 U_o 与输入电压之间满足关系式

$$U_o = A_{uo}(U_+ - U_-)$$

由于 $A_{uo}=\infty$，而 U_o 为有限值，因此，$U_+ - U_- \approx 0$，即 $U_+ \approx U_-$，称为“虚短”。

2）由于 $r_i=\infty$，故流进运放两个输入端的电流可视为零，即 $I_{IB}\approx 0$，称为“虚断”。这说明运放对其前级吸取电流极小。

上述两个特性是分析理想运放组成基本应用电路的基础，可使基本运放电路的计算大为简化。

使用运算放大器时，调零和相位补偿是必须注意的两个问题。为提高运算放大器的运算精度，消除因失调电压和失调电流引起的误差，需采用调零技术，保证运算放大器在输入为零时输出也为零。F007 或 LM741 都有外接调零端，在实际应用电路中，接在其 1 脚和 5 脚之间的电位器 R_p 就是调零电位器。图 3-12 所示为 F007 引脚排列图。

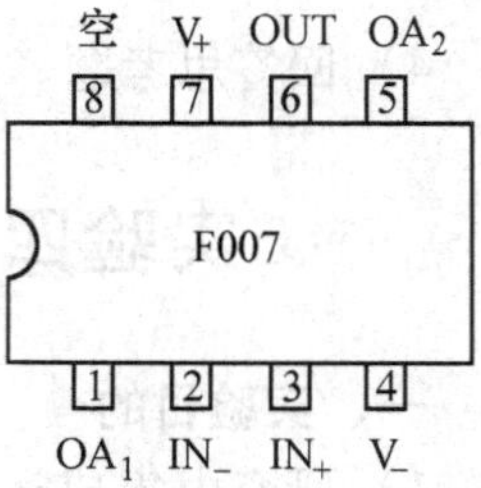

图 3-12 F007 引脚排列图

本实验主要研究由运算放大器构成的几种基本运算电路。图 3-13a、b、c、d、e、f 分别为反相比例，同相比例、积分电路、微分电路、反相加法、减法运算电路，所对应的输出分别为

$$u_o = -\frac{R_F}{R_1}u_i \tag{3-17}$$

$$u_o = \frac{R_1 + R_F}{R_1}u_i \tag{3-18}$$

$$u_o = -\frac{1}{R_1 C_F}\int u_i \mathrm{d}t \tag{3-19}$$

$$u_o = -R_F C_1 \frac{\mathrm{d}u_i}{\mathrm{d}t} \tag{3-20}$$

$$u_o = -\left(\frac{R_F}{R_1}u_{i1} + \frac{R_F}{R_2}u_{i2}\right) \tag{3-21}$$

$$u_o = \left(1 + \frac{R_F}{R_1}\right)\frac{R_3}{R_2 + R_3}u_{i2} - \frac{R_F}{R_1}U_{i1} \tag{3-22}$$

为了测试方便，我们将以上几个电路做成一块实验板，其线路如图 3-14 所示。

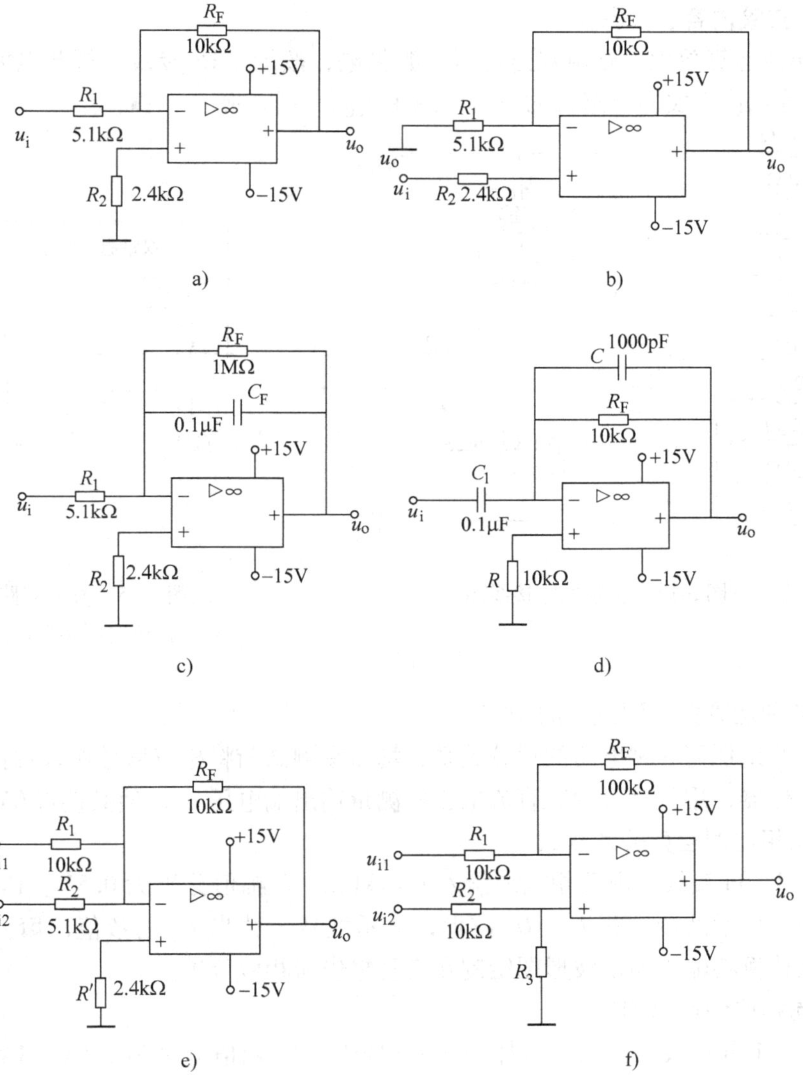

图 3-13　基本运算电路

四、实验仪器和设备

1）KHM—3 型模拟电路实验装置。

2）直流稳压电源。

3）函数信号发生器。

4）双踪示波器。

5）集成运算放大器实验电路板及导线若干。

五、实验内容及步骤

1. 集成运算放大电路由双路稳压电源供电，按图 3-15 接线，打开电源，调好 ±15V，分别接入实验电路板的正负电源 $+U_{CC}$、$-U_{CC}$端。

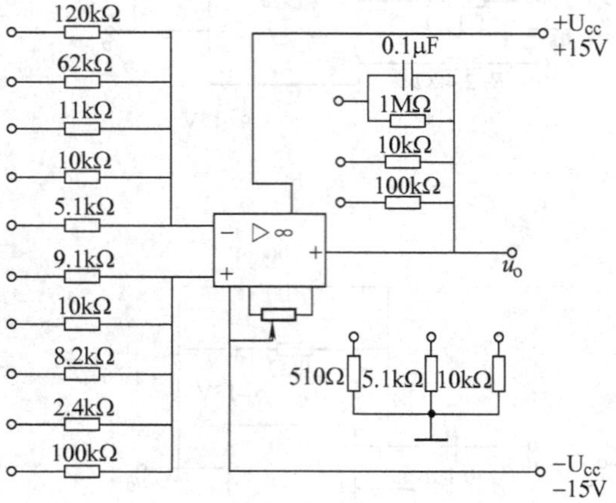

图 3-14 实验电路接线图

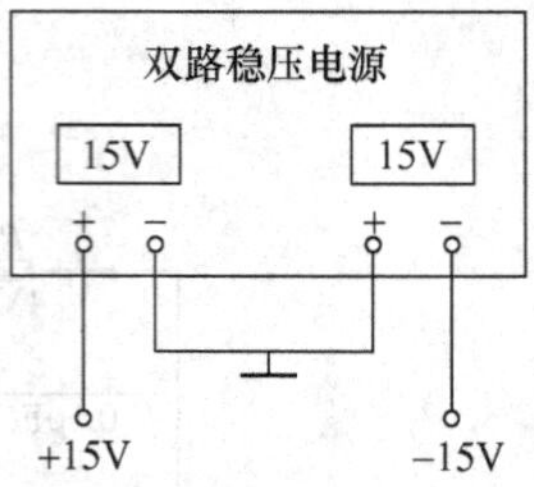

图 3-15 直流双路稳压电源连接图

2. 各种运算关系测试前的调零

不论测试任何一种电路的运算关系，均需在测试前将相应信号输入端接地，调节调零电位器，用数字万用表直流电压档测量输出端电压 U_o，使其接近 0V。

3. 反相比例运算关系测试

按图 3-13a 接线，由反相端加输入 $f=1$kHz，U_i 幅值分别为 0.5V、1V 的方波信号电压，用示波器观察 U_i、U_o 波形，从示波器上读出 U_o 的数值，填入表 3-11 中，并按比例将输入输出波形图绘制在实验报告册相应位置上。

4. 同相比例运算测试

按图 3-13b 接线，由同相端加输入 $f=1$kHz，U_i 幅值分别为 0.5V、1V 的方波信号电压，用示波器观察 U_i、U_o 波形，从示波器上分别读出 U_o 的数值，填入表 3-11 中，并按比例将输入输出波形图绘制在实验报告册相应位置上。

表 3-11 反相、同相比例测试表

	U_i/V	U_o/V	A_F（实测值）	A_F（计算值）
反相	0.5			
	1			
同相	0.5			
	1			

5. 积分运算测试

按图 3-13c 接线，由反相端加输入$f=1\text{kHz}$，$U_i=1\text{V}$ 的方波信号，用示波器观察 U_i 与 U_o 的波形及其相位关系，并正确绘制出波形图，特别注意输出与输入的相位关系。将波形图绘制在实验报告册相应位置上。

6. 微分运算测试

按图 3-13d 接线，由反相端输入$f=1\text{kHz}$，$U_i=1\text{V}$ 的方波信号，用示波器观察 U_i 与 U_o 波形。将波形图绘制在实验报告册相应位置上。

7. 加法运算测试

按图 3-13e 接线，将两输入端同时接地，调节零点。使 $U_{i1}=-2\text{V}$（直流信号），使 $U_{i2}=-0.5\text{V}$（直流信号）。测量输出电压 U_o，将测量值填入表 3-12 中并与理论计算值比较。（选作）。

8. 减法运算测试

按图 3-13f 接线，使 $U_i=+1\text{V}$，$U_{i2}=+0.5\text{V}$（均为直流信号），测出输出电压 U_o，将测量值填入表 3-12 并与理论计算值比较。（选作）

表 3-12 反相加法、减法测试表

	U_{i1}/V	U_{i2}/V	U_o/V
反相加法	-2	-0.5	
减法	1	0.5	

六、思考题

1）在比例运算和加法运算实验内容中，如果实验测量结果与理论计算值有差别，产生其误差的主要原因是什么？积分电路中 R_F 的作用是什么？

2）在积分电路中，如 $R_1=100\text{k}\Omega$，$C_F=4.7\mu\text{F}$，求时间常数。假设 $U_i=0.5\text{V}$，问要使输出电压 U_o 达到 5V，需多长时间？（设 $u_c(o)=0$）

3）运算放大器在应用过程中应注意哪些问题？

4）比例运算中如果要求输出为输入的 1/2，应如何选择电路参数？

5）为了不损坏集成块，实验中应注意什么问题？

七、实验总结报告

1）整理实验数据，画出相应的波形，并与理论值进行比较，注意绘图要准确规范。说明实测结果与理论计算值之间存在误差的主要原因。

2）实验过程中遇到什么问题？是怎样解决的。

3）回答思考题。

实验五　放大电路中的负反馈

一、实验目的

1）了解放大电路引入负反馈后对放大器主要性能的影响。

2）掌握用集成运放构成的负反馈放大电路各项性能的测试方法。

3）熟悉常用电子仪器的使用方法，学会使用示波器测量放大电路电压传输特性的方法。

二、预习要求

1）阅读实验指导书及其有关运放组件的有关性能指标及运放引脚图的介绍。

2）复习不同组态负反馈电路的特点及其对放大电路性能的影响。

3）估算各电路的 A_{uf}、R_{if}、R_{of} 值，了解它们的测试方法。

三、实验原理

负反馈在自动控制系统和电子电路中有着非常广泛的应用，交流负反馈虽然会使放大器的放大倍数降低，但能在多方面改善放大器的动态性能，如稳定放大倍数、改变输入/输出电阻、减小非线性失真和展宽通带等。因此，大多数实用放大器都带有负反馈。负反馈放大电路有四种组态：即电压并联、电压串联、电流串联和电流并联负反馈。对于某一具体电路有一种或两种反馈组态，由电路性能要求确定。

负反馈放大电路各种性能的改善程度，与放大电路的反馈深度有关。这些性能的改善都是以放大倍数的降低为代价换取的。而且放大电路性能的改善越显着，其放大倍数就一定降低越多。

负反馈放大电路闭环放大倍数的一般表达式为

$$\dot{A}_f=\frac{\dot{A}}{1+\dot{A}\dot{F}} \tag{3-23}$$

式中，$\dot{A}$ 为开环放大倍数；$\dot{F}$ 为反馈系数；$\dot{A}_f$ 为闭环放大倍数。

本实验仅对电压串联和电压并联两种负反馈放大电器的放大倍数、输入电阻、输出电阻及上下限频率进行测试。

（1）反相比例运算电路　它是一种电压并联负反馈放大器。其主要特点是：

1）集成运放的反相输入端构成虚地点。集成运放的共模输入电压为零，故这种电路对运放的共模抑制比要求较低。

2）由于是并联负反馈，输入电阻低，故 $R_{if}=R_1$。又是电压负反馈，输出电阻低，带负载能力强。

（2）同相比例运算电路　它是一种电压串联负反馈放大电路，其主要特点是：

1）$U_+ = U_- \approx U_i$，集成运放的共模输入电压近似等于输入电压，此种电路对集成运放的共模拟制比要求较高。

2）由于是串联反馈，输入电阻高。又是电压负反馈，输出电阻低带负载能力强。

四、实验仪器和设备

1）KHM—3 型模拟电路实验装置。

2）直流稳压电源。

3）函数信号发生器。

4）双踪示波器。

5）数字交流毫伏表。

6）集成运算放大器实验电路板（构成负反馈放大电路）及导线若干。

五、实验内容及步骤

1. 电压并联负反馈放大电路的测试

（1）测量电路闭环电压放大倍数 A_{uf}

按图 3-16 接线，（注意：直流电源的连接方法同集成运算放大电路）。反相端加输入 $f = 500\text{Hz}$，U_i 幅值分别为 0.5V 的正弦波信号电压，其中 $R_1 = 10\text{k}\Omega$、$R_F = 100\text{k}\Omega$、$R_L = \infty$。用数字交流毫伏表测量 U_o 并计算出 A_{uf}，将测量结果填入表 3-13a 中。

其中 $$A_{uf} = -\frac{R_F}{R_1} \qquad (3\text{-}24)$$

$$R_2 = R_F /\!/ R_1 = 9.1\text{k}\Omega \qquad (3\text{-}25)$$

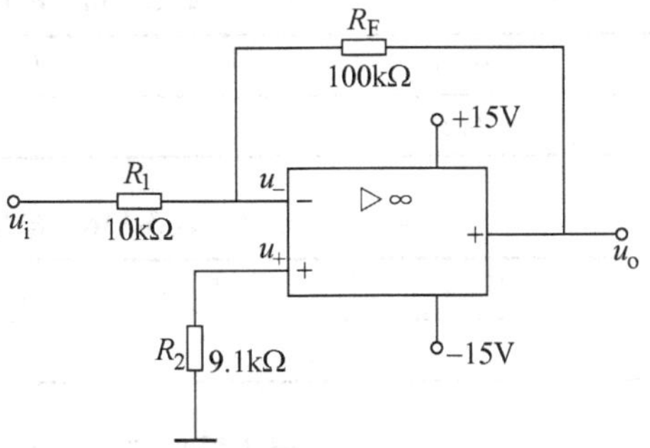

图 3-16　电压并联负反馈放大电路

（2）测量电路的电压传输特性

用示波器的 X-Y 方式，观察电路的电压传输特性（即 U_i-U_o 曲线），使 $R_1 = 10\text{k}\Omega$、$R_2 = 9.1\text{k}\Omega$、$R_F = 100\text{k}\Omega$，$R_L = \infty$。将 U_i 接示波器的 CH_1 输入端，U_o 接示波器的 CH_2 输入端。加大输入信号 U_i，直到 U_o 在正负方向上均出现饱和，测量并记录曲线的斜率及曲线转折点处的输入输出电压值，画出 U_i-U_o 曲线，将测量结果填入表 3-13b 中，说明其含义。

（3）测量电路的输出电阻 R_{of}、观察电压负反馈稳定输出电压的作用

电路连接方法同实验内容（1），取 $U_i = 0.1\text{V}$。改变 R_L 使之分别为∞，10kΩ、5.1kΩ、510Ω，测量并记录不同 R_L 值时所对应的输出电压 U_o 值。用 $R_L = \infty$ 时的 U_o 值（前已测出）和 $R_L = 510\Omega$ 时的 U_o 值，由式（3-26）计算输出电阻 R_{of}，并

将计算出的 R_{of} 值与集成运放本身的输出电阻值比较。注意，此处的 R_{of} 就是放大电路的输出电阻 R_{of}。将以上测试结果填入表 3-13c 中。其 R_{of} 为

$$R_{Of}=\left(\frac{U_O}{U_L}-1\right)R_L \tag{3-26}$$

（4）测量输入电阻 R_{if}

取 $R_1=10\text{k}\Omega$，$R_2=9.1\text{k}\Omega$，$R_F=100\text{k}\Omega$，$R_L=\infty$。

方法一：把 R_1 当做信息源内阻 R_S，输入 $f=500\text{Hz}$，$U_i=0.5\text{V}$ 的正弦波信号（此处 U_i 即为整个电路输入信号电压的有效值即 U_i 当做 U_s），记下 U_i，测量 U_-，U_+，计算 R'_{if}（反馈环内的输入电阻），将 R'_{if} 与集成运放本身的输入电阻比较，并求出整个放大电路的输入电阻 R_{if}，说明反馈深度对输入电阻的影响。并将以上测试结果填入表 3-13d 中。

用实测的 U_+ 和 U_- 值说明虚地现象并分析本电路的共模输入电压的大小。

方法二：在 R_1 前串接 R_s，取 $R_s=100\text{k}\Omega$，测 U_s、U_i。由式（3-27）计算输入 R_{if}。将以上测试结果填入表 3-13e 中，则 R_{if} 为

$$R_{if}=\frac{U_i}{U_s-U_i}R_s \tag{3-27}$$

表 3-13a　电压放大倍数测试表

U_i/V	U_o/V	A_{uf}（计算）
0.5		

表 3-13b　电压传输特性测试表

U_i/V	U_o/V	斜率	电压传输特性

表 3-13c　当 $U_i=0.1\text{V}$ 时，输出电压测试表

R_L	∞	10kΩ	5.1kΩ	510Ω	R_{of}（计算）
U_o/V					

表 3-13d　用方法一测量输入电阻

U_i/V	U_-/mV	U_+/mV	R'_{if}（计算）	R_{if}（计算）
0.5				

表 3-13e　用方法二测量输入电阻

U_s/V	U_i/V	R_{if}（计算）
0.5		

2. 电压串联负反馈放大电路的测试

（1）测电路的电压放大倍数 A_{uf}

按图 3-17 接线，由同相端给电路加输入 $f=500\text{Hz}$，U_i 幅值分别为 0.5V 的正弦波信号电压，取 $R_1=10\text{k}\Omega$、$R_F=100\text{k}\Omega$、$R_L=\infty$，用数字交流毫伏表测量 U_o 并计算出 A_{uf}。将测量结果填入表 3-14a 中。其中闭环电压放大倍数 A_{uf} 为

$$A_{uf}=1+\frac{R_F}{R_1} \quad (3\text{-}28)$$

$$R_2=R_F /\!/ R_1 \quad (3\text{-}29)$$

该电路当 $R_1\approx\infty$，$R_F=0$ 时，测量并计量电路的 A_{uf}。

（2）测电路的电压传输特性

用示波器的 X-Y 方式，观察电路的电压传输特性（即 U_i-U_o 曲线），使 $R_1=10\text{k}\Omega$，$R_2=9.1\text{k}\Omega$，$R_F=100\text{k}\Omega$，$R_L=\infty$，方法及要求同前。将测量结果填入表 3-14b 中，说明其含义。

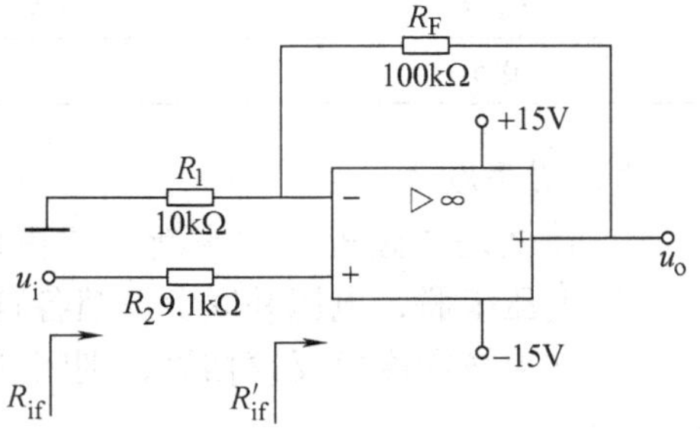

图 3-17 电压串联负反馈放大电路

（3）测量输入电阻

方法一，把 R_2 当做 R_S，输入 $f=500\text{Hz}$，$U_i=0.5\text{V}$ 的正弦信号，测量 U_i、U_+、U_- 数值，计算 R'_{if}，将 R'_{if} 与组件的输入电阻比较，说明是增加还是减小了。将测量结果填入表 3-14c 中。

方法二，在 R_2 前面串接 R_S，取 $R_S\approx1\text{M}\Omega$ 输入信号，测量 U_S、U_i，计算 R_{if}。将测量结果填入表 3-14d 中。

（4）测量上限截止频率（选作）

取 $R_1=R_2=10\text{k}\Omega$，$R_L=\infty$。输入 0.5V 的正弦信号，改变输入信号的频率，保持 U_i 不变，测输出电压 U_o，在输入信号源的最低频率时，输入 $U_i=0.5\text{V}$，测输出电压 U_o。信号频率增高，保持 U_i 不变，输出电压下降，当输出电压下降到 $0.707U_o$ 时，新对应的输入信号频率即为电路的上限截止频率 f_{fH}。

将 f_{fH} 值与组件的开环上限截止频率 f_H 比较，看频带展宽了多少？

表 3-14a 电压放大倍数测试表

U_i/V	U_o/V	A_{uf}（计算）
0.5		

表 3-14b 电压传输特性测试表

U_i/V	U_o/V	斜率	电压传输特性

表 3-14c 用方法一测量输入电阻

U_i/V	U_-/mV	U_+/mV	R'_{if}（计算）	R_{if}（计算）
0.5				

表 3-14d 用方法二测量输入电阻

U_s/V	U_i/V	R_{if}（计算）
0.5		

六、思考题

1）什么是“虚短”、“虚断”、“虚地”现象？用实验数据说明。

2）电压串联，电压并联负反馈各自的特点是什么？各在什么情况下采用？

3）如果按深度负反馈估算，则闭环电压放大倍数 A_{uf} = ？与测量值是否一致？为什么？

4）若输入信号存在失真，能否用负反馈来改善？

七、实验总结报告

1）整理各电路的实验数据及表格，用实验数据分析不同态的负反馈对放大电路性能的影响。

2）画出各电路的传输特性曲线。

3）回答思考题。

4）实验中是否出现过故障，若出现过故障，说明排除故障的方法。

实验六 单相桥式整流、电容滤波及并联稳压电路

一、实验目的

1）正确使用数字万用表判别二极管正负极性和质量。

2）学习单相桥式整流、电容滤波电路各电量数值及波形的测试方法，会用示波器测试其输入输出电压波形。

3）掌握稳压管稳压电源主要技术指标的测试方法。

4）了解集成稳压器的应用及主要指标的测试方法。

二、预习要求

1）认真阅读本节所介绍的内容及与本次实验有关的其他资料。

2）完成表 3-15 预习值栏中的计算，画出电路各部分输出的电压波形，并填入预习报告中，以便与实验测量值进行比较。

3）熟悉示波器、万用表的正确使用方法。

三、实验原理

电子设备一般都需要直流电源供电。直流电源除了少数直接利用干电池、蓄电

池和直流发电机发出直流电外，一般是采用把交流电（市电）变换为直流电的直流稳压电源。直流稳压电源通常是由电源变压器、整流、滤波和稳压电路四部分组成。其原理框图如图 3-18 所示。

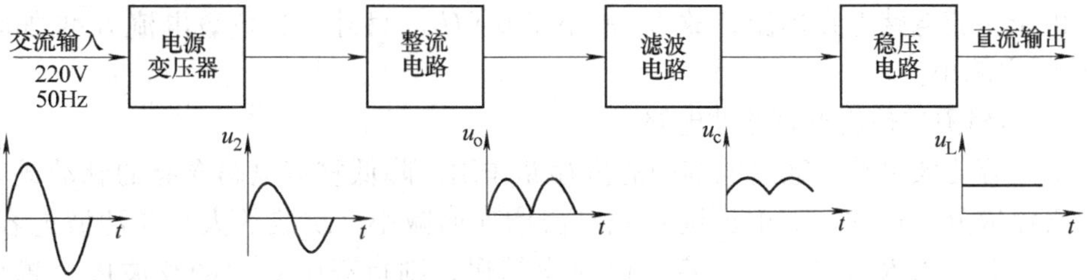

图 3-18　直流稳压电源原理框图

电网供给的交流电压 u_i（220V，50Hz）经电源变压器降压后，得到符合电路需要的交流电压 u_2，整流电路是利用二极管的单相导电性，将交流电压变换成方向不变、大小随时间变化的脉动电压 U_o，再经滤波电路滤去其交流分量，使之接近理想的直流电压 U_c。但这样的直流输出电压，还会随交流电网电压的波动或负载的变化而变化，因而要采用稳压电路来保证输出直流电压 U_L 的幅度和方向不随时间变化的恒定直流电压。

图 3-19 所示为整流、滤波、稳压电路的实验电路图，各部分电路原理如下：

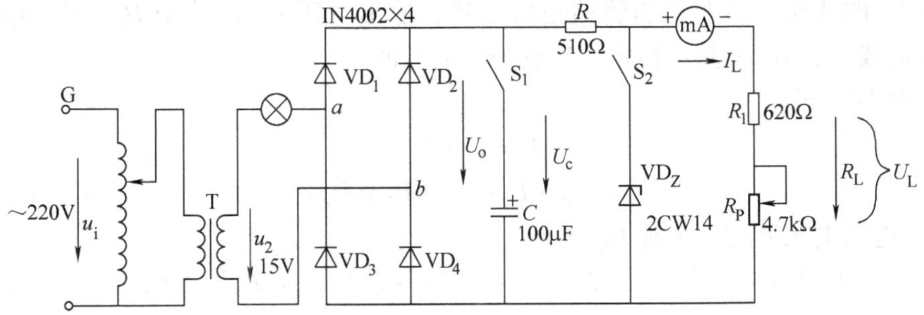

图 3-19　整流、滤波、稳压电路的实验电路

1. 单相轿式整流电路

小功率整流电路可采用由二极管组成的单相桥式整流电路，也可采用集成桥块整流电路，大功率整流电路多采用三相桥式二极管整流或三相晶闸管可控整流电路。图 3-19 中，当 S_1、S_2 断开时，即为单相轿式整流实验电路。在电源电压 u_2 的正半周时其通路由 $a \rightarrow VD_1 \rightarrow R \rightarrow R_L \rightarrow VD_4 \rightarrow b$；而在 u_2 的负半周时其通路由 $b \rightarrow VD_2 \rightarrow R \rightarrow R_L \rightarrow VD_3 \rightarrow a$。因此 R_L 上获得为单方向全波整流波形电压。这时负载上直流电压平均值为

$$U_L = \frac{1}{\pi}\int_0^{\pi} u_2 \mathrm{d}(\omega t) = 0.9U_2 \tag{3-30}$$

式中，U_2 为电源变压器二次电压的有效值。

由于整流电路存在内阻，故 U_L 常小于 $0.9U_2$。另外，当负载电流 I_L 增加时，U_L 也随之减小。

2. 单相桥式整流电容滤波电路

加电容滤波电路是通过电容的能量存储作用，降低整流电路含有的脉动成分，保留直流成分。负载上的电压随负载电流增加而减小，纹波的大小与滤波电容 C 的大小有关，当 R_LC 越大，电容放电速率越慢，则负载电压中的纹波成分越小，负载上平均电压越高。在整流后的瞬时电压降低时，释放能量，使负载上电压比较平滑。当满足 $R_LC \geqslant (3\sim5)\frac{T}{2}$ 时，（T 为电源电压周期），输出直流电压的大小为

$$U_L \approx 1.2U_2 \tag{3-31}$$

当负载电阻 R_L 减小时，也即电源负载加重，这时负载直流平均电压将随之减小，而负载纹波电压将随之增加。

3. 稳压管并联稳压电路

图 3-19 中电阻 R 和稳压管 VD_Z 构成了并联稳压环节。不论是电网电压波动还是负载 R_L 的变化，只要稳压管能正常工作，输出电压 U_L 就等于 U_Z，U_Z 基本恒定，则负载电压 U_L 就基本恒定，达到稳压的目的。

由图 3-19 可知

$$I_R = I_Z + I_L \tag{3-32}$$

$$U_o = U_R + U_Z（其中\ U_L = U_Z） \tag{3-33}$$

1）电网电压波动，负载 R_L 不变时

若 $U_2\uparrow \rightarrow U_C\uparrow(=1.2U_2) \rightarrow U_Z\uparrow \rightarrow I_Z\uparrow\uparrow \rightarrow I_R\uparrow \rightarrow U_R\uparrow$ （3-34）

$U_Z\downarrow$ ←（由 $U_R\uparrow$）
(U_L)

表明 U_L 的变化量由电阻 R 上的压降来抵消，从而使 U_L 稳定。

2）电网电压不变，负载变化时

若 $I_L\uparrow$（即 $R_L\downarrow$）$\rightarrow I_R\uparrow \rightarrow U_R\uparrow \longrightarrow U_Z\downarrow \rightarrow I_Z\downarrow\downarrow \rightarrow I_R\downarrow \rightarrow U_R\downarrow$

$U_Z\uparrow$ ←（由 $U_R\downarrow$）
(U_L)

（3-35）

表明通过 R 和 V_Z 的调节，也可使 U_L 稳定。

当然，上述两个过程同时存在，其调整过程也是同时进行的。

4. 稳压管削波电路

整流滤波后的输出电压，当交流电网电压波动时或负载变化时都要随之变化，从而将造成用电设备工作的不稳定，这就要求在滤波电路和负载之间增加稳压电路。即利用稳压管工作在反向击穿区时，电流在一定范围内变化，其输出电压基本稳定不变的特性，使负载上得到稳定的直流电压。由于稳压电路的稳压管与负载电阻相并联，因此称并联稳压电路。如果整流后不加电容滤波，则电路成为削波电路。其削波原理为：当加于稳压管两端的反向电压低于它的稳压值时，稳压管不能起作用，此时它两端的输出电压将随着外加电压的变化而变化。当加于稳压管两端的反向电压高于它的稳压值时，随着外加电压的继续增大，稳压管两端的输出电压却几乎不变。

在图 3-19 中，当 S_1 断开，S_2 接通时，表明电容 C 未接入电路中，经过整流后得到的电压 U_o 是如图 3-20a 所示的脉动直流电压，当此脉动直流电压的幅值小于稳压管的稳定电压 U_Z 时，稳压管两端输出电压 U_L 的波形就是与此同样的脉动直流电压。

当脉动直流电压上升到大于稳压管稳定电压 U_Z 时，虽然脉动直流电压的前沿部分和后沿部分低于稳压管的稳压值 U_Z，但它中间一部分已超过稳定电压值，这部分电压就被限制在稳压值 U_Z，就相当于直流脉动电压波形中间高于稳压值的部分被削去了。所以稳压管两端的电压波形就呈现为梯形波了。这就是稳压管的削波作用如图 3-20b。直流脉动电压的幅度越大时，被削去的部分就越多，梯形波就越陡，如图 3-20c，甚至能接近方块波了。

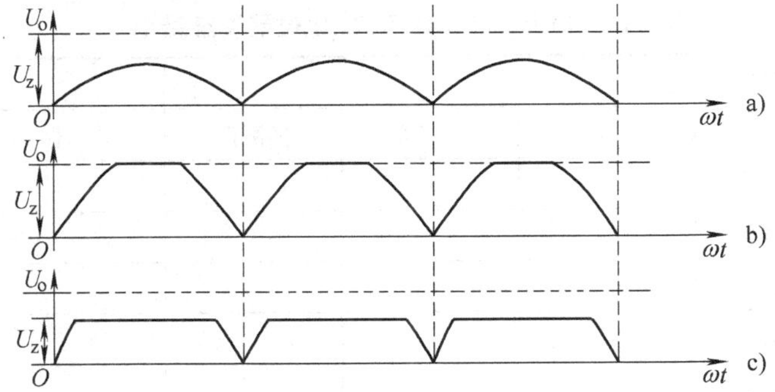

图 3-20　稳压管削波电路输出电压波形

当 S_1 接通，即电容接上时，正弦交流电经桥式整流后又经电容滤波，故得到的电压 U_c 是波浪形变化的电压。若此波浪电压超过稳压管的稳定电压值在稳压管两端得到的输出电压就能维持基本不变。当此波浪电压有较大起伏时（其最低电压仍大于稳压值）稳压管两端输出电压的变化却甚微。这就是稳压管的稳压作用。

根据上述分析可知，并联稳压电路是由稳压管起电流调节作用，限流电阻 R 起电压调整作用，两者相互配合实现稳压目的。电阻 R 还起限流的作用，防止流过稳压管的电流过大而烧坏稳压管，因此 R 也称限流电阻。

四、实验仪器及设备

1）KHM—3 型模拟电路实验装置。

2）数字万用表。

3）直流电流表。

4）双踪示波器。

5）调压器，变压器。

6）整流、滤波、稳压电路实验电路板及导线若干。

五、实验内容及步骤

1. 判别二极管正负极性

用数字万用表测量半导体二极管的正向压降____V，反向电阻 =____Ω，并判定其正负极性。测试方法见第一章数字万用表的使用。

2. 单相桥式整流、电容滤波、稳压管稳压电路的测试

1）熟悉实验电路板，按图 3-19 所示电路接线，S_1、S_2 断开，经检查无误后接通电源。

2）调节自耦调压器手柄，使变压器的二次电压 u_2 的有效值为 15V，测量 U_o 和负载上的直流电压 U_L，并用示波器观察 u_2 和 U_o、U_L 的波形，将测量结果填入表 3-15 中。

表 3-15　当 $R_L=560\Omega$ 且 R_P 电位器调至最小

电路类型 \ 测量内容		u_2	U_o		U_L	
			预习值	实测值	预习值	实测值
桥式整流	数值					
	波形					
加电容滤波	数值					
	波形					
去掉电容加稳压管	数值					
	波形					
电容滤波加稳压管	数值					
	波形					

3）S_1 接通，S_2 断开，重复 2）的内容，将结果填入表 3-15 中。

4）S_1 断开，（去掉电容），S_2 接通，测量并观察 U_o 和 U_L 值以及波形，将结果填入表 3-15 中。

5）S_1、S_2 接通，重复4）的内容，将结果填入表3-15中。

3. 观察当电网电压变化时的稳压效果

实验线路不变，调节调压器手柄使变压器二次电压 u_2 的有效值为 15 ×（1 + ±10%）V，即13.5V、16.5V，保持 R_L 为某一定值。测量电源电压变化时所对应的 U_o 和 U_L 值，将测量结果填入表3-16中。（注意：S_1、S_2 同时接通）

表3-16　电网电压变化时稳压效果测试表

u_2/V	U_o/V	U_L/V
13.5		
15		
16.5		

4. 观察负载变化时的稳压效果

当 u_2 = 15V 时，调节电位器 R_p。测量表3-17中电流值所对应的负载电压 U_L，并将其测量结果记入表中。（注意：S_1、S_2 同时接通）

表3-17　负载变化时稳压效果测试表

I_L/mA	I_{Lmin}	2	4	6	8	I_{Hmax}
U_L/V						

六、思考题

1）在单相桥式整流电路中，如果某一个二级管极性焊错，将会发生什么后果？如果一个二极管开路，又会发生什么现象。

2）稳压管稳压电路中，限流电阻 R 的作用是什么？怎样选择 R 的大小？

3）用示波器观察桥式整流电路输出电压波形时，如果只用调压器供给整流电路输入交流电压，将容易发生什么问题？为什么？

七、实验总结报告

1）整理实验数据及有关波形，并根据实测数据与理论计算值进行比较，分析计算值与实测值不一致的原因。

2）根据实验所测量的波形和数据，说明直流稳压电源各环节的作用，总结实验中出现的问题以及如何？

3）回答思考题。

实验七　温度监测及控制电路

一、实验目的

1）学习由双臂电桥和差动输入集成运放组成的桥式放大电路。

2）掌握滞回比较器的性能和调试方法。

3）学会系统测量和调试。

二、预习要求

1）阅读教材中有关集成运算放大器应用部分的章节，了解集成运算放大器构成的差动放大器等电路的性能和特点。

2）根据实验任务，拟出实验步骤及测试内容，画出数据记录表格。

3）依照实验线路板上集成运放插座的位置，从左到右安排前后各级电路。画出组件排列及布线图。组件排列既要紧凑，又不能相碰，以便缩短连线，防止引入干扰，同时又要便于实验中测试方便。

三、实验原理

实验电路如图3-21所示，它是由具有负温度系数特性的热敏电阻（NTC组件）R_t为一臂组成测温电桥，其输出经测量放大器放大后由滞回比较器输出“加热”与“停止”信号，经晶体管放大后控制加热器“加热”与“停止”。改变滞回比较器的比较电压U_R（也称门限电平或阈值电压）即改变控温的范围，而控温的精度则由滞回比较器的滞回宽度即回差电压的大小确定。

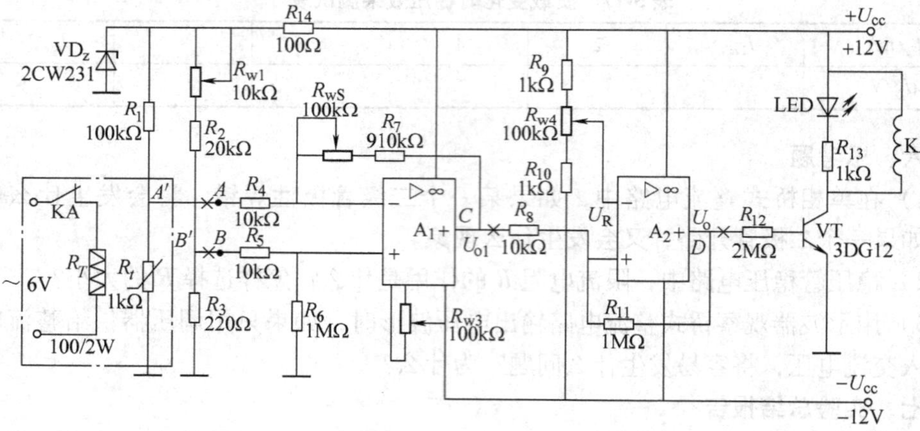

图3-21 温度监测及控制实验电路

1. 测温电桥

由R_1、R_2、R_3、R_{W1}及R_t组成测温电桥，其中R_t是温度传感器。其呈现出的阻值与温度成线性变化关系且具有负温度系数，而温度系数又与流过它的工作电流有关。为了稳定R_t的工作电流，达到稳定其温度系数的目的，设置了稳压管VD_Z。R_{W1}用于调节测温电桥的平衡。

2. 差动放大电路

由A_1及外围电路组成的差动放大电路，将测温电桥输出电压ΔU按比例放大。

其输出电压

$$U_{o1}=-\left(\frac{R_7+R_{W2}}{R_4}\right)U_A+\left(\frac{R_4+R_7+R_{W2}}{R_4}\right)\left(\frac{R_6}{R_5+R_6}\right)U_B \tag{3-36}$$

当 $R_4=R_5$，$(R_7+R_{W2})=R_6$ 时

$$U_{o1}=\frac{R_7+R_{W2}}{R_4}(U_B-U_A) \tag{3-37}$$

R_{W3}用于差动放大器调零。

可见差动放大电路的输出电压 U_{o1} 仅取决于二个输入电压之差和外部电阻的比值。

3. 滞回比较器

差动放大器的输出电压 U_{o1} 作为 A_2 滞回比较器的输入 u_i。滞回比较器的单元电路如图 3-22 所示，设比较器输出高电平为 U_{OH}，输出低电平为 U_{OL}，参考电压 U_R 加在反相输入端。当输出为高电平 U_{OH}时，运放同相输入端电位

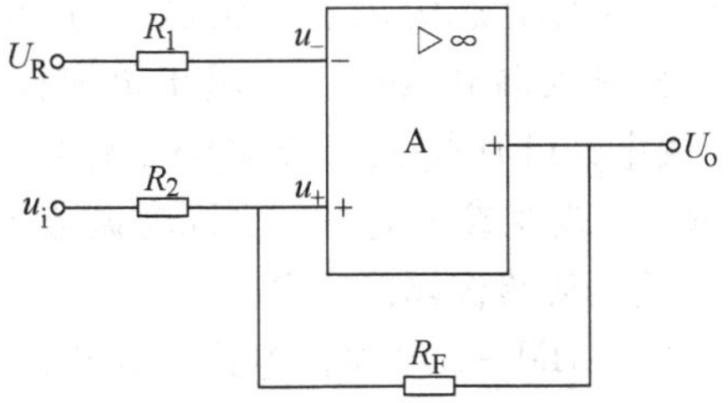

图 3-22　同相滞回比较器

$$u_{+H}=\frac{R_F}{R_2+R_F}u_i+\frac{R_2}{R_2+R_F}U_{OH} \tag{3-38}$$

当 u_i 减小到使 $u_{+H}=U_R$，即

$$u_i=u_{TL}=\frac{R_2+R_F}{R_F}U_R-\frac{R_2}{R_F}U_{OH} \tag{3-39}$$

此后，u_i 稍有减小，输出 U_o 就从高电平跳变为低电平。

当输出为低电平 U_{OL}时，运放同相输入端电位

$$u_{+L}=\frac{R_F}{R_2+R_F}u_i+\frac{R_2}{R_2+R_F}U_{OL} \tag{3-40}$$

当 u_i 增大到使 $U_{+L}=U_R$，即

$$u_i=U_{TH}=\frac{R_2+R_F}{R_F}U_R-\frac{R_2}{R_F}U_{OL} \tag{3-41}$$

此后，u_i 稍有增加，输出 U_o 又从低电平跳变为高电平。

因此 U_{TL}和 U_{TH}为输出电平跳变时对应的输入电平，常称 U_{TL}为下门限电平，U_{TH}为上门限电平，而两者的差值

$$\Delta U_T=U_{TR}-U_{TL}=\frac{R_2}{R_F}(U_{OH}-U_{OL}) \tag{3-42}$$

称为门限宽度即回差电压，它们的大小可通过调节 R_2/R_F 的比值来调节。图 3-23 所示为滞回比较器的电压传输特性。

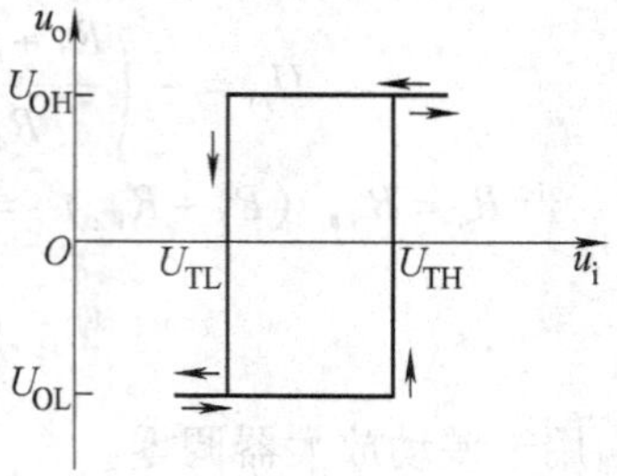

图 3-23 滞回比较器的电压传输特性

由上述分析可见差动放器输出电压 u_{o1} 经分压后作为 A2 滞回比较器的输入电压 u_i，与反相输入端的参考电压 U_R 相比较。当同相输入端的电压信号大于反相输入端的电压时，A2 输出正饱和电压，晶体管 VT 饱和导通。发光二极管 LED 发光，可见负载的工作状态为加热。反之，为同相输入信号小于反相输入端电压时，A_2 输出负饱和电压，晶体管 VT 截止，LED 熄灭，负载的工作状态为停止。调节 R_{W4} 可改变参考电平，也同时调节了上下门限电平，从而达到设定温度的目的。

四、实验仪器及设备

1）KHM—3 型模拟电路实验装置。

2）±12V 直流电源。

3）函数信号发生器。

4）双踪示波器。

5）热敏电阻（NTC）。

6）运算放大器 LM741 ×2、晶体管 3DG12、稳压管 2CW231、发光管二极管 LED。

五、实验内容及步骤

按图 3-21 连接实验电路，各级之间暂不连通，形成各级单元电路，以便各单元分别进行调试。

1. 差动放大器

差动放大电路如图 3-24 所示，它可实现差动比例运算。

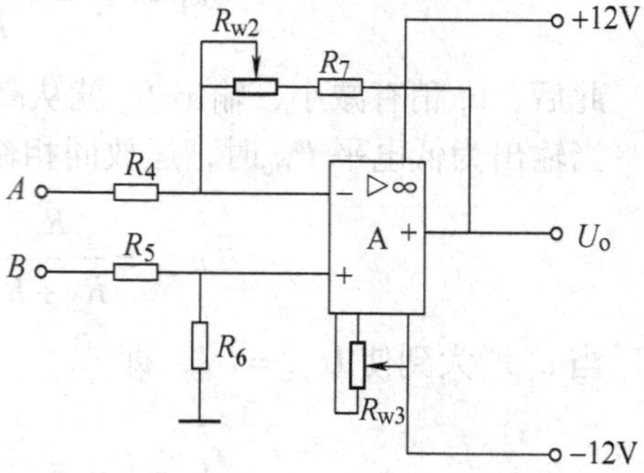

图 3-24 差动放大电路

1）运放调零。将 A、B 两端对地短路，调节 R_{W3} 使 $U_o=0$。

2）去掉 A、B 端对地短路线。从 A、B 端分别加入不同的二个直流电平。当电路中 $R_7+R_{W2}=R_6$，$R_4=R_5$ 时，其输出电压

$$u_o=\frac{R_7+R_{W2}}{R_4}(U_B-U_A) \tag{3-43}$$

在测试时，要注意加入的输入电压不能太大，以免放大器输出进入饱和区。

3）将 B 点对地短路，把频率为 100Hz、有效值为 10mV 的正弦波加入 A 点。

用示波器观察输出波形。在输出波形不失真的情况下，用交流毫伏表测出 u_i 和 u_o 的电压。算得此差动放大电路的电压放大倍数 A。

2. 桥式测温放大电路

将差动放大电路的 A、B 端与测温电桥的 A'、B'端相连，构成一个桥式测温放大电路。

1）在室温下使电桥平衡：在实验室室温条件下，调节 R_{W1}，使差动放大器输出 $U_o=0$（注意：前面实验中调好的 R_{W3}不能再动）。

2）温度系数 K（V/C）：由于测温需升温槽，为使实验简易，可虚设室温 T 及输出电压 u_o，温度系数 K 也定为一个常数，具体参数由学生自行填入表 3-18 中。从表中可得到 $K=\Delta U/\Delta T$。

表 3-18

温度 T/℃	室温/℃				
输出电压 U_o/V	0				

3）桥式测温放大器的温度-电压关系曲线：根据前面测温放大器的温度系数 K，可画出测温放大器的温度-电压关系曲线，实验时要标注相关的温度和电压的值，如图 3-25 所示。从图中可求得在其他温度时，放大器实际应输出的电压值。也可得到在当前室温时，U_{o1}实际对应值 U_S。

4）重调 R_{W1}，使测温放大器在当前室温下输出 U_S。即调 R_{W1}，使 $U_0=U_S$。

3. 滞回比较器

滞回比较器电路如图 3-26 所示。

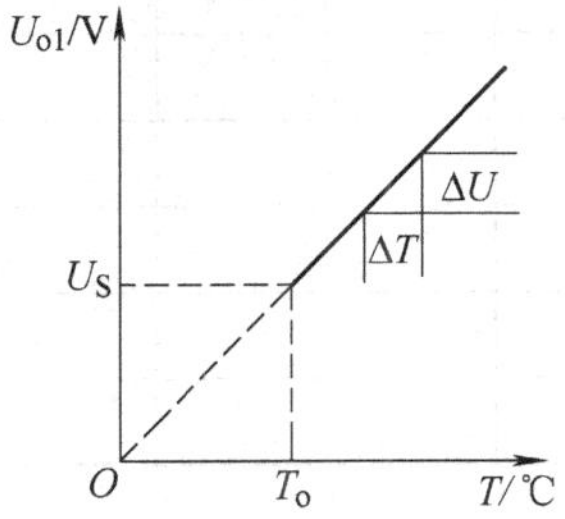

图 3-25 温度-电压关系曲线

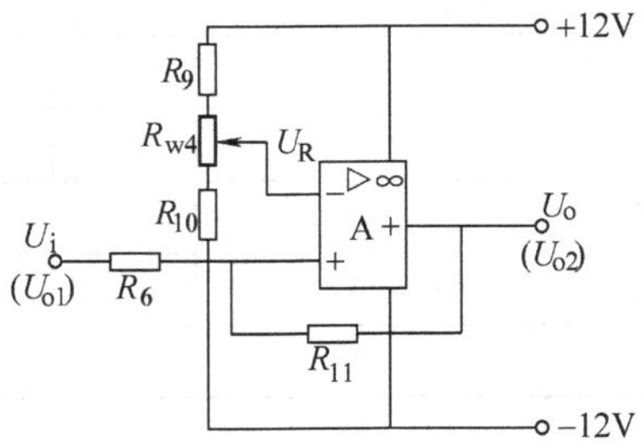

图 3-26 滞回比较器电路

1）直流法测试比较器的上下门限电平：首先确定参考电平 U_R 值。调 R_{W4}，使 $U_R=2$V。然后将可变的直流电压 U_i 加入比较器的输入端。比较器的输出电压 U_o 送入示波器 Y 输入端（将示波器的“输入耦合方式开关”置于“DC”，X 轴“扫描触发方式开关”置于“自动”）。改变直流输入电压 U_i 的大小，从示波器屏幕上观察到当 u_o 跳变时所对应的 U_i 值，即为上、下门限电平。

2）交流法测试电压传输特性曲线：将频率为100Hz，幅度3V的正弦信号加入比较器输入端，同时送入示波器的X轴输入端，作为X轴扫描信号。比较器的输出信号送入示波器的Y轴输入端。微调正弦信号的大小，可从示波器显示屏上到完整的电压传输特性曲线。

4. 温度检测控制电路整机工作状况

1）按图3-21连接各级电路。（注意：可调组件R_{W1}、R_{W2}、R_{W3}不能随意变动。如有变动，必须重新进行前面内容。）

2）根据所需检测报警或控制的温度T，从测温放大器温度-电压关系曲线中确定对应的U_{o1}值。

3）调节R_{W4}使参考电压$U'_R = U_R = U_{o1}$

4）用加热器升温，观察温升情况，直至报警电路动作报警（在实验电路中当LED发光时作为报警），记下动作时对应的温度值t_1和U_{o11}的值。

5）用自然降温法使热敏电阻降温，记下电路解除时所对应的温度值t_2和U_{o12}的值。

6）改变控制温度T，重做2）、3）、4）、5）各步。把测试结果记入表3-19中。根据t_1和t_2值，可得到检测灵敏度$t_0 = (t_2 - t_1)$

注：实验中的加热装置可用一个100Ω/2W的电阻R_T模拟，将此电阻靠近R_t即可。

表 3-19

设定温度 T/℃									
设定电压	从曲线上查得 U_{o1}								
	U_R								
动作温度	T_1/℃								
	T_2/℃								
动作电压	U_{o11}/V								
	U_{o12}/V								

六、思考题

1）如果放大器不进行调零，将会引起什么结果？

2）如何设定温度检测控制点？

七、实验总结报告

1）整理实数据，画出有关曲线、数据表格以及实验线路。

2）用方格纸画出测温放大电路温度系数曲线及比较器电压传输特性曲线。

3）实验中的故障排除情况及体会。

4）回答思考题。

实验八 用运算放大器组成万用电表的设计与调试

一、实验目的

1）设计由运算放大器组成的万用电表。

2）进行万用电表的组装与调试。

二、预习要求

1）复习运算放大器基本运算电路的工作原理。

2）熟悉万用电表的工作原理及参考电路。

3）按照设计要求自行设计，画出万用电表的设计电路原理图。

三、实验原理

在对工作状态的电路进行测量时，希望电表的接入不影响被测电路的原工作状态，这就要求电压表应具有无穷大的输入电阻，电流表的内阻应为零。但实际上，万用电表表头的可动线圈总有一定的电阻，例如100μA 的表头，其内阻约为 1kΩ，用它进行测量时将影响被测量，引起误差。此外，交流电表中的整流二极管的压降和非线性特性也会产生误差。如果在万用电表中使用运算放大器，就能大大降低这些误差，提高测量精度。在欧姆表中采用运算放大器，不仅能得到线性刻度，还能实现自动调零。

1. 直流电压表

图 3-27 所示为同相端输入，高精度直流电压表原理图。

为了减小表头参数对测量精度的影响，将表头置于运算放大器的反馈回路中，这时，流经表头的电流与表头的参数无关，只要改变 R_1 一个电阻，就可进行量程的切换。

表头电流 I 与被测电压 U_i 的关系为

$$I=\frac{U_i}{R_1} \tag{3-44}$$

应当指出：图 3-27 用于测量电路与运算放大器共地的有关电路。此外，当被测电压较高时，在运放的输入端应设置衰减器。

2. 直流电流表

图 3-28 是浮地直流电流表的电路原理图。在电流测量中，浮地电流的测量是普遍存在的，例如：若被测电流无接地点，就属于这种情况。为此，应把运算放大器的电源也对地浮动，按此种方式构成的电流表就可像常规电流表那样，串联在任何电流通路中测量电流。

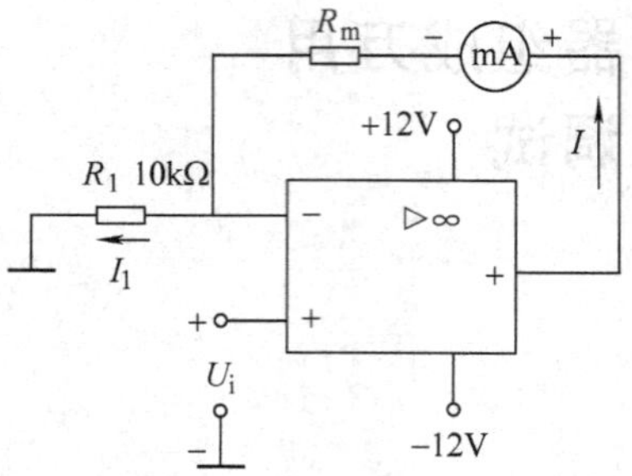

图 3-27　直流电压表

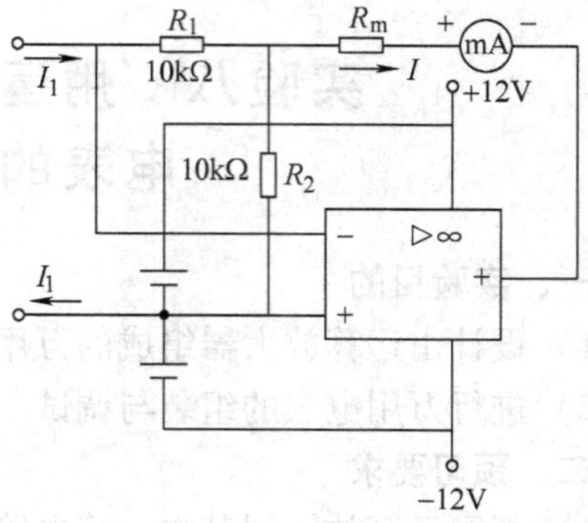

图 3-28　直流电流表

表头电流 I 与被测电流 I_1 间关系为

$$-I_1R_1=(I_1-I)R_2$$

即

$$I=\left(1+\frac{R_1}{R_2}\right)I_1 \tag{3-45}$$

可见，改变电阻比（R_1/R_2），可调节流过电流表的电流，以提高灵敏度。如果被测电流较大时，应给电流表表头并联分流电阻。

3. 交流电压表

由运算放大器、二极管整流桥和直流毫安表组成的交流电压表如图 3-29 所示。被测交流电压 U_i 加到运算放大器的同相端，故有很高的输入阻抗，又因为负反馈能减小反馈回路中的非线性影响，故把二极管桥路和表头置于运算放大器的反馈回路中，以减小二极管本身非线性的影响。

表头电流 I 与被测电压 U_i 的关系为

$$I=\frac{U_i}{R_1} \tag{3-46}$$

电流 I 全部流过桥路，其值仅与 U_i/R_1 有关，与桥路和表头参数（如二极管的死区等非线性参数）无关。表头中电流与被测电压 U_i 的全波整流平均值成正比，若 U_i 为正弦波，则表头可按有效值来刻度。被测电压的上限频率决定于运算放大器的频带和上升速率。

4. 交流电流表

图 3-30 所示为浮地交流电流表，表头读数由被测交流电流 i 的全波整流平均值 I_{1AV} 决定，即

$$I=\left(1+\frac{R_1}{R_2}\right)I_{1AV} \tag{3-47}$$

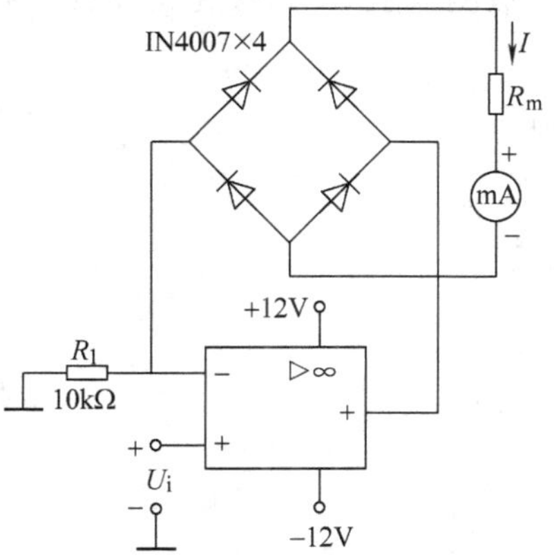

图 3-29　交流电压表

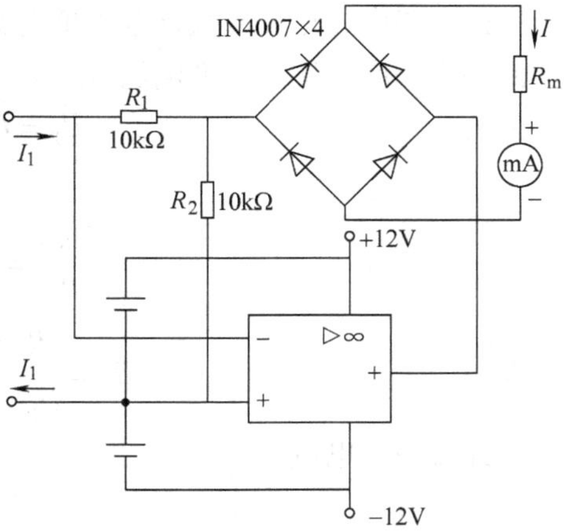

图 3-30　交流电流表

如果被测电流 i 为正弦电流，即

$$i_1 = \sqrt{2} I_1 \sin\omega t$$

则式（3-47）可写为

$$I = 0.9\left(1 + \frac{R_1}{R_2}\right) I_1 \tag{3-48}$$

则表头可按有效值来刻度。

5. 欧姆表

图 3-31 所示为多量程的欧姆表。

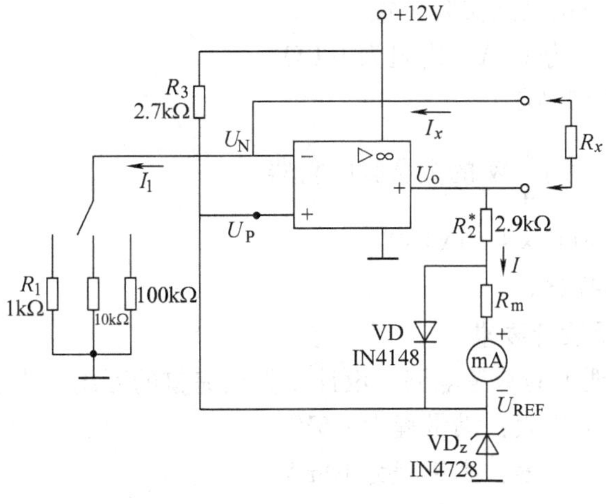

图 3-31　多量程欧姆表

在此电路中，运算放大器改由单电源供电，被测电阻 R_X 跨接在运算放大器的反馈回路中，同相端加基准电压 U_{REF}。

因为

$$U_P = U_N = U_{REF} \tag{3-49}$$

$$I_1 = I_X$$

$$\frac{U_{REF}}{R_1} = \frac{U_o - U_{REF}}{R_X} \tag{3-50}$$

即

$$R_X = \frac{R_1}{U_{REF}}(U_o - U_{REF}) \tag{3-51}$$

流经表头的电流

$$I = \frac{U_o - U_{REF}}{R_2 + R_m} \tag{3-52}$$

由上式（3-51）、式（3-52）消去（$U_o - U_{REF}$），可得

$$I = \frac{U_{REF} R_X}{R_1 (R_m + R_2)} \tag{3-53}$$

可见，电流 I 与被测电阻成正比，而且表头具有线性刻度，改变 R_1 值，可改变欧姆表的量程。这种欧姆表能自动调零，当 $R_X = 0$ 时，电路变成电压跟随器，$U_o = U_{REF}$，故表头电流为零，从而实现了自动调零。

二极管 VD 起保护电表的作用，如果没有 VD，当 R_X 超量程时，特别是当 $R_X \to \infty$，运算放大器的输出电压将接近电源电压，使表头过载。有了 VD 就可使输出钳位，防止表头过载。调整 R_2，可实现满量程调节。

四、实验仪器及设备

1）KHM—3 型模拟电路实验装置。

2）表头：灵敏度为 1mA，内阻为 100Ω。

3）运算放大器 LM741。

4）电阻器：均采用 $\frac{1}{4}$W 的金属膜电阻器。

5）二极管：IN4007 ×4、IN4148。

6）稳压管：IN4728。

五、实验内容及设计要求

1. 借鉴实验原理中的参考电路，设计一只较完整的万用电表。

要求：1）直流电压表：满量程为 +6V。

2）直流电流表：满量程为 10mA。

3）交流电压表：满量程为 6V，50Hz ~ 1kHz。

4）交流电流表：满量程为 10mA。

5）欧姆表：满量程分别为 1kΩ，10kΩ，100kΩ。

2. 万用电表作电压、电流或欧姆测量时，和进行量程切换时应用开关切换，但实验时可用引接线切换。

六、注意事项

1）在连接电源时，正、负电源连接点上各接大容量的滤波电容器和 0. 01 ~ 0. 1μf 的小电容器，以消除通过电源产生的干扰。

2）万用电表的电性能测试要用标准电压、电流表校正，欧姆表用标准电阻校正。考虑到实验要求不高，建议用数字式 $4\frac{1}{2}$位万用电表作为标准表。

七、实验总结报告

1）画出完整的万用电表的设计电路原理图。

2）将万用电表与标准表作测试比较，计算万用电表各功能档的相对误差，分析误差原因。

3）判断各环节工作是否正常，并提出电路改进意见。

4）写出收获与体会。

第四章　数字电子技术实验

实验一　基本门电路测试

一、实验目的

1）掌握各种常用逻辑门电路的逻辑符号及逻辑功能。

2）了解常用逻辑门电路的引脚分布。

3）学习基本逻辑门电路功能测试方法。

4）测试 TTL“与非”门电路的主要参数、外特性。

二、预习要求

1）预习 TTL“与非”门、CMOS“与非”门及 TTL“或非”门、“与或非”门电路的工作原理、主要特性、使用方法。

2）预习示波器测试脉冲的方法。

3）阅读 TTL 门、CMOS 门器件说明，弄清引脚图，逻辑功能及使用方法。

三、实验原理

门电路实际就是一种条件开关，由于门电路的输出与输入之间存在着一定的逻辑关系，所以又称为逻辑门电路。逻辑门电路是最简单、最基本的数字集成元件，任何复杂的组合逻辑电路和时序逻辑电路都可以由门电路通过适当的组合连接而成。

最基本的逻辑门是“与”门、“或”门和“非”门，也可以将其组合成复合逻辑门电路，如“与非”门、“或非”门、“与或非”门、“异或”门、“同或”门等。

1. TTL“与非”门

TTL 门电路，也称为晶体管-晶体管逻辑门电路，它具有工作速度高、带负载能力强、输出幅度较大、种类多、不易损坏等特点，得到广泛的应用。

图 4-1 所示为 TTL“与非”门的逻辑符号。其逻辑功能是：当输入端有一个或几个是低电平 U_{IL} 时，输出为高电平 U_{OH}；当输入端全为高电平 U_{IH} 时，输出为低电平 U_{OL}。其逻辑表达式为 $F=\overline{A\cdot B}$，真值表见表 4-1。

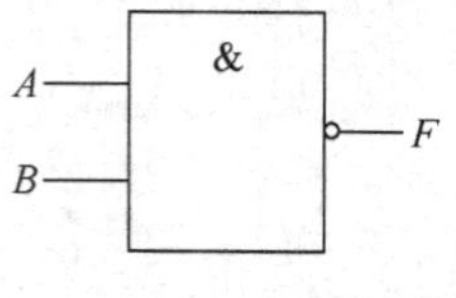

图 4-1　与非门逻辑符号

表 4-1 与非门的真值表

A	*B*	*F*	*A*	*B*	*F*
0	0	1	1	0	1
0	1	1	1	1	0

（1）TTL“与非”门的电压传输特性

电压传输特性是指输出电压 U_o 与输入电压 U_i 之间的关系。将 TTL“与非”门某一个输入端的电压由零逐渐增大，而其余输入端都接高电平，通过实验测得电压传输特性如图 4-2 所示。

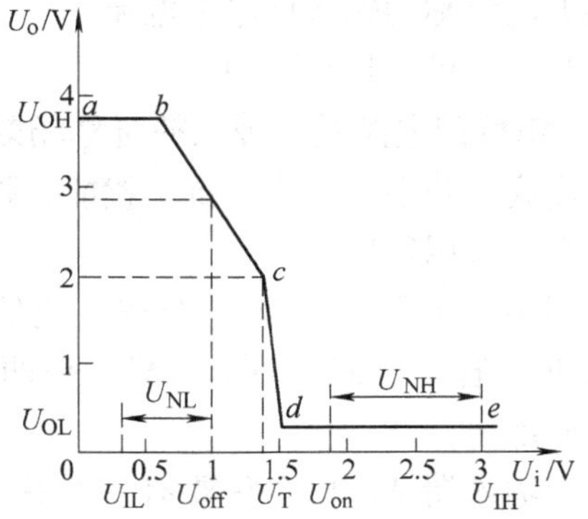

图 4-2 TTL“与非”门电压传输特性

从电压传输特性可以得出以下几个重要参数：

1）输出高电平 U_{OH}

U_{OH}是指当输入端有一个或几个为低电平，输出端开路时的输出电平，即电压传输特性曲线上的 *ab* 段的电压值。TTL“与非”门规定 $U_{OH} \geqslant 2.4V$。

2）输出低电平 U_{OL}

U_{OL}是指当输入端全为高电平，输出端接有额定负载时的输出电平，即电压传输特性曲线上的 *de* 段的电压值。TTL“与非”门规定 $U_{OL} \leqslant 0.4V$。

3）阈值电压 U_T

输出高电平转为低电平时所对应的输入电压，称为阈值电压或门槛电压，用 U_T 表示，在图 4-2 中，$U_T \approx 1.4V$。

4）关门电平 U_{off}和开门电平 U_{on}

在保证输出为额定高电平电压的 90% 时所允许的最大输入低电平电压称为关门电平，用 U_{off}表示，一般 $U_{off} \geqslant 0.8V$。在保证输出为额定低电平时所允许的最小输入高电平电压称为开门电平，用 U_{on}表示，一般 $U_{on} \leqslant 1.8V$。

5）扇出系数 N

扇出系数是指一个“与非”门在保证一定输出电平的前提下，能驱动后级同类“与非”门的最大数目。它表示“与非”门的带负载能力，通常 $N \geqslant 8$。

（2）TTL“与非”门的输入特性

1）输入短路电流 I_{IS}

输入短路电流是指当任何一个输入端接地时，流经该输入端的电流。测量任一输入端的 I_{IS}时，应将其余输入端接至高电平。但在实际测量时，为了方便，将其余的输入端悬空。

2）空载导通电源电流 I_E

空载导通电源电流是指将输入端全部悬空，“与非”门处于导通状态时，电源供给的电流。在测量时，由于负载电流对 I_E 影响不大，所以 I_E 应在输出端开路条件下测量。

3）输入高电平电流 I_{IH} 和输入低电平电流 I_{IL}

当某一个输入端接高电平而其余输入端接低电平时，流入该输入端的电流称为输入高电平电流。当某一个输入端接低电平而其余输入端接高电平时，从该输入端流出的电流称为输入低电平电流。

2. CMOS“与非”门

CMOS 门电路是一种互补对称场效应晶体管集成电路，它具有制造工艺简单、集成度高、功率损耗小、抗干扰能力强、扇出能力强、输出幅度大、电源范围较宽等特点，应用很广。

图 4-3 所示为 CMOS“与非”门原理电路，其中驱动管 VT_1、VT_2 是两个串联的 NMOS 管，负载管 VT_3、VT_4 是两个并联的 PMOS 管。

当输入端 A、B 中只要有一个是低电平时，则驱动管 VT_1、VT_2 中至少有一个截止，而负载管 VT_3、VT_4 至少有一个导通，输出端 F 为高电平；当输入端 A、B 均为高电平时，VT_1、VT_2 均导通，而 VT_3、VT_4 均截止，输出端 F 为低电平。此电路也实现了“与非”逻辑功能，其逻辑表达式为：$F=\overline{A\cdot B}$。

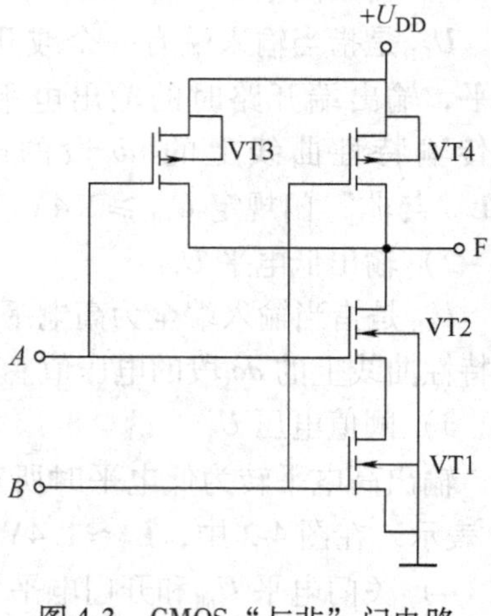

图 4-3 CMOS“与非”门电路

3. TTL 与 CMOS 集成门电路在结构和特性上的区别

1）TTL 门电路的电源电压 U_{CC} 为 5V ± 0.5V；CMOS 门电路的电源电压 U_{DD} 为 3 ~ 18V。

2）一般不允许将多余的输入端悬空，以免引入干扰信号。TTL 门电路的输入端可以悬空，悬空相当于高电平。对于多余输入端的处理一般是接到电源正端，或者和接有信号的输入端并联使有。CMOS 门电路多余的输入端不能悬空。

3）TTL 门电路某输入端经电阻接地时，该端状态与所接电阻阻值有关；CMOS 门电路某输入端经电阻接地时，无论电阻阻值多大，该端状态恒为低电平。

4）TTL 门电路输出高电平 $U_{OH}\approx3.6V$，输出低电平 $U_{OL}\approx0.3V$；CMOS 门电路输出高电平 $U_{OH}\approx U_{DD}$，输出低电平 $U_{OL}\approx0V$。

本实验所涉及到的集成逻辑门电路外部引线及引脚排列如图 4-4 所示。

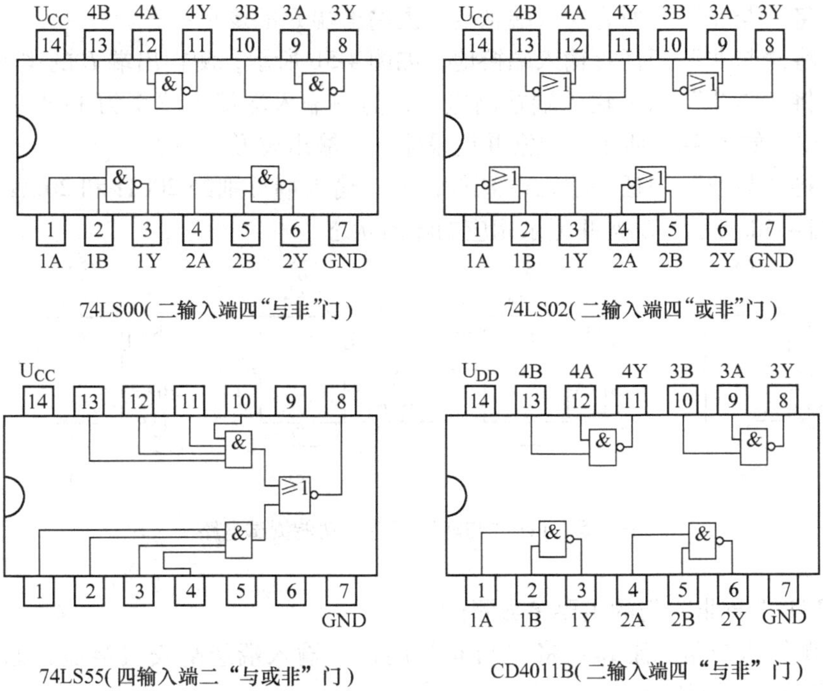

图 4-4　集成逻辑门电路外部引线及引脚排列

四、实验仪器设备及元件

1）数字电路逻辑实验箱一台。

2）集成逻辑门电路：TTL 集成门电路 74LS00 二输入端四“与非”门，74LS02 二输入端四“或非”门，74LS55 四输入端二“与或非”门各一片；CMOS 集成门电路 CD4011B 二输入端四“与非”门一片。

3）数字万用表一块。

4）直流电流表一块。

5）双踪示波器一台。

6）电阻 200Ω、20kΩ 各一只。

7）电位器 50kΩ 一只。

五、实验内容及步骤

1. TTL“与非”门逻辑功能测试

1）将“与非”门输入端 A、B 分别接电平开关 K_1、K_2，输出端 F 接电平显示发光二极管 LD，如图 4-5a 所示。使输入端 AB 的逻辑状态分别为 00、01、10、11，测出对应的输出端 F 的逻辑状态。

2）将“与非”门所有输入端悬空，测输出端 F 的逻辑状态。

3）将“与非”门任一输入端接地，如图 4-5b 所示，测输出端 F 的逻辑状态。

4）将“与非”门一输入端接高电平，另一输入端接入频率为 1kHz、幅度为 3V 的方波，如图 4-5c 所示，观察并记录输入、输出波形。

5）将“与非”门任一输入端悬空，另一输入端分别经 200Ω 和 20kΩ 电阻接地，如图 4-5d 所示，观察并记录相应的输出状态。

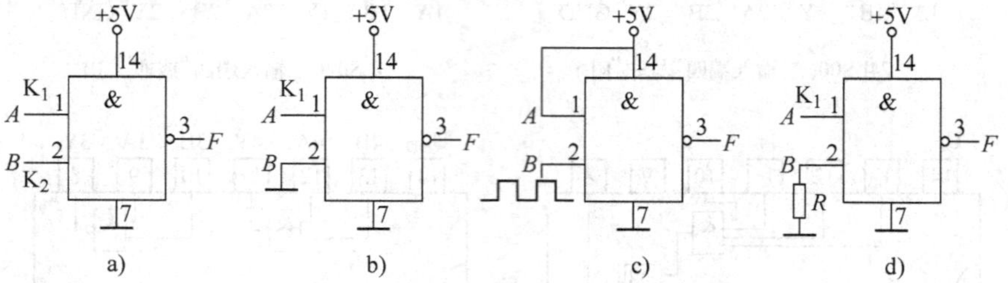

图 4-5 TTL“与非”门逻辑功能测试电路

2. TTL“与非”门的主要参数测试

1）测输入短路电流 I_{IS}：将“与非”门任一输入端经毫安表接地，如图 4-6a 所示，记录输入电流值。

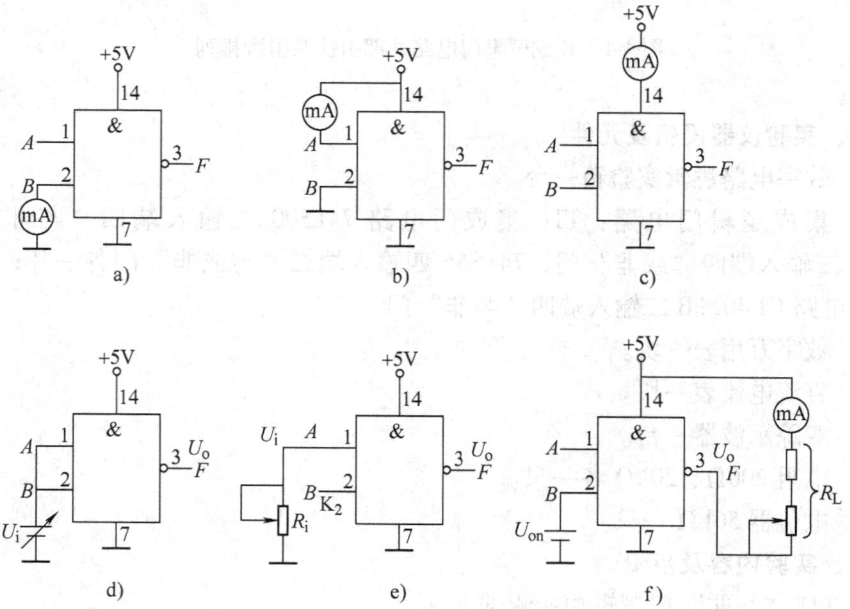

图 4-6 TTL“与非”门主要参数测试电路

2）测量高电平输入电流 I_{IH}：将“与非”门任一输入端经毫安表接 +5V 电源，另一输入端接地，如图 4-6b 所示，记录所测电流值。

3）测空载导通电源电流 I_E：将“与非”门如图 4-6c 所示接线，测量并记录电源电流 I_E。

4）测绘电压传输特性：将“与非”门如图 4-6d 所示接线，调整 U_i，测量并记录 U_o 值，填入表 4-2，并绘制电压传输特性曲线。

5）输入负载特性测试：将“与非”门任一输入端悬空，另一输入端经 50kΩ 电位器 R_i 接地，如图 4-6e 所示，调整 R_i，并记录相应的 U_i 和 U_o 值，填入表 4-3。

6）测量扇出系数 N：将“与非”门任一输入端接开门电平 $U_{on}=1.8V$，其余输入端悬空，输出端经毫安表与负载 R_L 相接，如图 4-6f 所示，调整电位器使 $U_o=0.35V$，测量并记录负载电流 I_L，通过 $N=\frac{I_L}{I_{IS}}$，计算出扇出系数 N。

表 4-2　TTL“与非”门电压传输特性测试表

U_i/V	0	0.5	0.7	0.9	1.0	1.1	1.2	1.3	1.4	1.5	1.8	2.0	3.5
U_o/V													

表 4-3　TTL“与非”门输入负载特性测试表

R_i/kΩ	0	1	3	4	6	10	20	50
U_i/V								
U_o/V								

3. TTL“与或非”门逻辑功能测试

1）将“与或非”门输入端 A、B、C、D 分别接电平开关 K_1、K_2、K_3、K_4，输出端 F 接电平显示发光二极管 LD。输入端 $ABCD$ 分别为表 4-4 所列各逻辑状态，观察并记录对应的输出端 F 的逻辑状态，填入表 4-4。

表 4-4　TTL“与或非”门逻辑功能测试表

输　入	输　出	输　入	输　出
A B C D	*F*	*A B C D*	*F*
0 0 0 0		1 0 0 0	
0 0 0 1		1 0 0 1	
0 0 1 0		1 0 1 0	
0 0 1 1		1 0 1 1	
0 1 0 0		1 1 0 0	
0 1 0 1		1 1 0 1	
0 1 1 0		1 1 1 0	
0 1 1 1		1 1 1 1	

2）将“与或非”门的输入端 A 接高电平 +5V，输入端 C 和 D 均接地，输入端 B 接频率为 1kHz、幅值为 3V 的方波信号，如图 4-7 所示，用示波器观察并记录输入、输出波形。

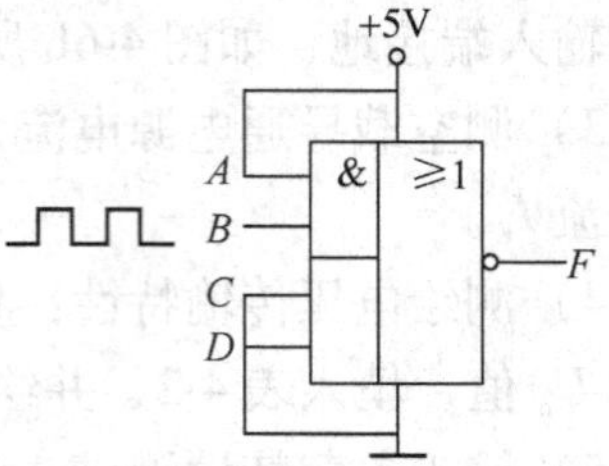

图 4-7 TTL“与或非”门测试电路

4. CMOS“与非”门逻辑功能测试

1）将 CMOS“与非”门输入端 A、B 分别接电平开关 K_1、K_2，输出端 F 接电平显示发光二极管 LD。使 CMOS“与非”门两个输入端的逻辑状态分别为 00、01、10、11，观察并记录相应的输出端的逻辑状态。

2）将 CMOS“与非”门任一输入端接电源 $+U_{DD}$，另一输入端分别经 200Ω 和 20kΩ 电阻接地，观察并记录相应的输出端状态，并与 TTL“与非”门电路的测试结果相比较。

六、思考题

1）“异或”门的逻辑功能是什么？写出其逻辑表达式，并通过实验测试其逻辑功能。

2）对 CMOS“或非”门进行功能测试时，一个输入端接高电平，其余各输入端应如何处理？

3）TTL 门电路的输入端经电阻接地，其状态与阻值有什么关系？

4）TTL“或非”门多余输入端该如何处理？

七、实验总结报告

1）列表整理各测试数据及波形。

2）总结 TTL“与非”门、“与或非”门及 CMOS“与非”门的逻辑功能及使用时的要点。

3）回答思考题。

实验二 组合逻辑电路分析一

一、实验目的

1）掌握组合逻辑电路的一般分析方法。

2）掌握组合逻辑电路的测试方法。

二、预习要求

1）熟悉组合逻辑电路的分析步骤与要领，掌握基本分析方法。

2）阅读本实验所涉及的集成门电路的引脚说明、逻辑功能及使用方法。

3）熟悉本实验的内容和要求，根据实验给定的逻辑电路，从理论上分析其逻辑功能。

4）熟悉组合逻辑电路的测试方法。

三、实验原理

在数字系统中，按逻辑功能可将数字电路分为组合逻辑电路和时序逻辑电路两大类。组合逻辑电路通常由门电路组成，无反馈、无记忆功能，电路的输出状态仅与当时的输入信号有关；若输入信号消失，输出信号也随之消失。组合逻辑电路包括分析和设计两种类型的问题。

组合逻辑电路分析的目的是确定已知逻辑电路的逻辑功能。分析步骤如下：

已知逻辑电路图→写出逻辑表达式→利用逻辑代数的公式法或卡诺图化简→列出真值表→分析逻辑功能。

例题：分析图 4-8a 所示逻辑电路的逻辑功能。

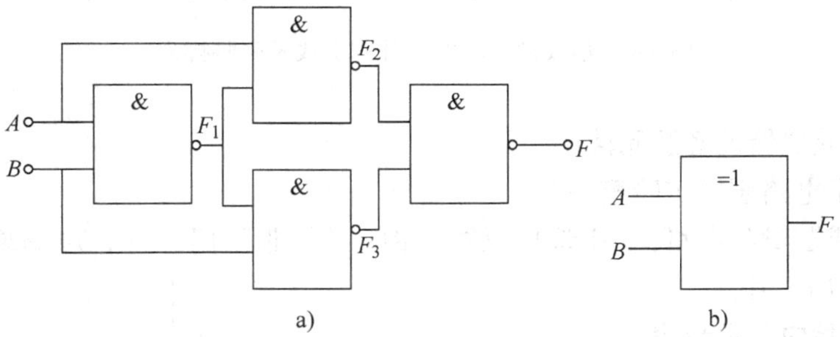

图 4-8　组合逻辑电路分析例题的逻辑电路图

a）逻辑电路　b）“异或”门逻辑符号

（1）根据逻辑电路图写出逻辑表达式

$$F_1=\overline{AB}$$

$$F_2=\overline{AF_1}=\overline{A\cdot\overline{AB}}$$

$$F_3=\overline{BF_1}=\overline{B\cdot\overline{AB}}$$

$$F=\overline{F_2F_3}=\overline{\overline{A\cdot\overline{AB}}\cdot\overline{B\cdot\overline{AB}}}=A\cdot\overline{AB}+B\cdot\overline{AB}=\overline{AB}(A+B)=(\overline{A}+\overline{B})(A+B)=\overline{A}B+A\overline{B}$$

（2）列出真值表（表 4-5）

表 4-5　组合逻辑电路分析例题的真值表

A	B	F	A	B	F
0	0	0	1	0	1
0	1	1	1	1	0

（3）分析逻辑功能　当输入变量 A、B 的取值相异时，输出 F 为 1；否则，输

出 F 为 0。这种逻辑关系称为“异或”逻辑，这种电路称为“异或”门，其逻辑符号如图 4-8b 所示。其逻辑表达式也可写为

$$F=\overline{A}B+A\overline{B}=A\oplus B$$

本实验所涉及到的集成逻辑门电路外部引线及引脚排列如图 4-9 所示。

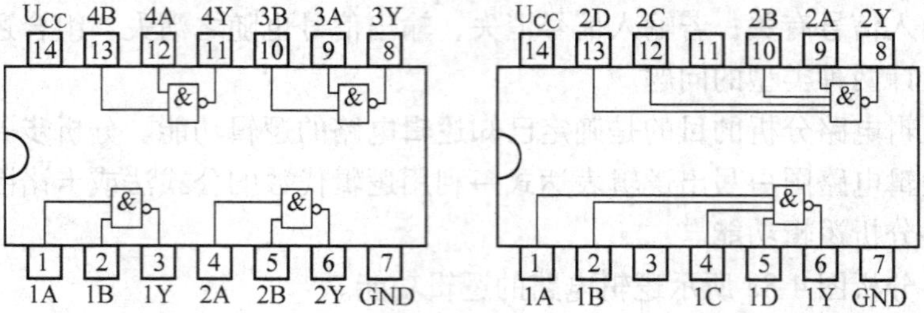

图 4-9 集成逻辑门电路外部引线及引脚排列

四、实验仪器设备及元件

1）数字电路逻辑实验箱一台。

2）集成逻辑门电路：74LS00 二输入端四“与非”门二片，74LS20 四输入端二“与非”门三片。

五、实验内容及步骤

1. 分析图 4-10 所示三人表决逻辑电路的逻辑功能

1）用一片 74LS00 和一片 74LS20 集成逻辑门电路组成三人表决电路如图 4-10 所示。按图 4-10 所示实验逻辑电路图接线，输入端 A、B、C 分别接电平开关 K_1、K_2、K_3，输出端 F 接电平显示发光二极管 LD。

2）按表 4-6 给出输入端 ABC 的逻辑状态，测出对应的输出端 F 的逻辑状态并填表。

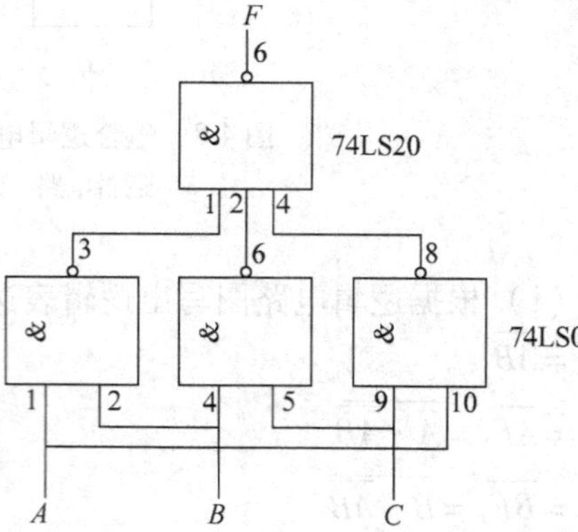

图 4-10 三人表决逻辑电路

表 4-6 图 4-10 所示逻辑电路的真值表

A B C	F	A B C	F
0 0 0		1 0 0	
0 0 1		1 0 1	
0 1 0		1 1 0	
0 1 1		1 1 1	

3）分析逻辑功能并与理论分析结果进行对照。

2. 分析图 4-11 所示逻辑电路的逻辑功能

1）奇校验电路的功能是“判奇”，即输入信号中“1”的个数为奇数时，电路的输出为“1”，反之输出为“0”；偶校验电路的功能是“判偶”，即输入信号中“1”的个数为偶数时，电路的输出为“1”，反之输出为“0”；奇偶校验电路是同时具有“判奇”和“判偶”功能的电路，它有两个输出端，一个作“判奇”输出，另一则作“判偶”输出。用一片 74LS00 和三片 74LS20 集成逻辑门电路组成三输入奇偶校验电路，如图 4-11 所示。按图 4-11 所示实验逻辑电路图接线，输入端 A、B、C 分别接电平开关 K_1、K_2、K_3，输出端 F_1、F_2 分别接电平显示发光二极管 LD_1、LD_2。

2）按表 4-7 给出输入端 ABC 的逻辑状态，测出对应的输出端 F_1 和 F_2 的逻辑状态并填表。当输入为奇数个“1”时，输出 F_1 为“1”，发光二极管 LD_1 亮；当输入为偶数个“1”时，输出 F_2 为“1”，发光二极管 LD_2 亮。

3）分析逻辑功能并与理论分析结果进行对照。

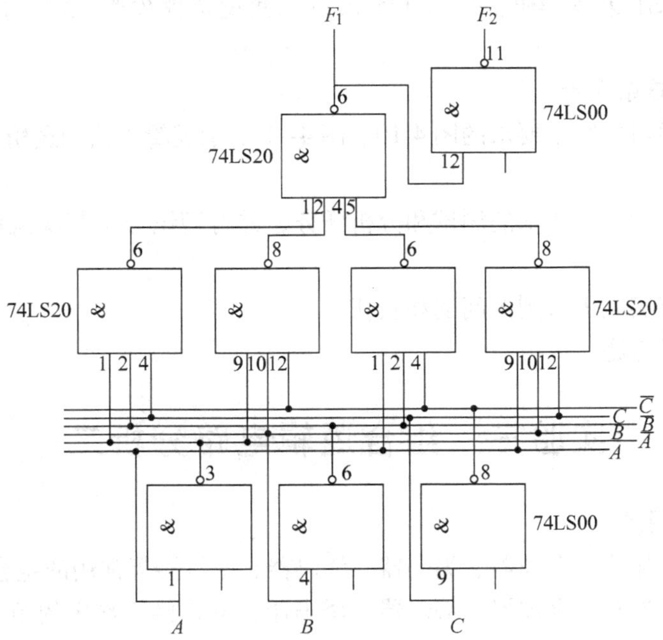

图 4-11 三变量奇偶校验电路图

表 4-7 图 4-11 所示逻辑电路的真值表

A	B	C	F_1	F_2
0	0	0		
0	0	1		
0	1	0		
0	1	1		
1	0	0		
1	0	1		
1	1	0		
1	1	1		

六、思考题

1）试用“与非”门设计“同或”逻辑电路，画出逻辑电路图。

2）试用“异或”门设计四变量奇数校验电路，画出逻辑电路图。

3）能否采用集成译码器 74LS138 设计三人表决电路？画出逻辑电路图。

4）能否采用集成译码器 74LS138 设计三变量奇偶校验电路？画出逻辑电路图。

七、实验总结报告

1）完成预习内容中要求的图 4-10、图 4-11 所示逻辑电路的逻辑功能理论分析过程。

2）完成实验内容要求的测试和分析任务，并将理论分析与实验测试结果进行对照。

3）分析在实验中遇到的问题和收获。

4）回答思考题。

实验三 组合逻辑电路分析二

一、实验目的

1）熟悉半加器、全加器、编码器、译码器、抢答器等常用的组合逻辑电路。

2）掌握半加器、全加器、编码器、译码器、抢答器等常用的组合逻辑电路的实验测试方法。

二、预习要求

1）了解半加器、全加器、编码器、译码器、抢答器等常用的组合逻辑电路的工作原理。

2）阅读本实验所涉及的集成门电路的引脚说明、逻辑功能及使用方法。

3）熟悉本实验的内容和要求，根据实验给定的逻辑电路，从理论上分析其逻辑功能。

4）熟悉组合电路逻辑功能的测试方法。

三、实验原理

1. 半加器

在二进制数中，不考虑来自低位的进位的加法称为半加，实现半加运算功能的逻辑电路称为半加器。图 4-12a 所示为半加器逻辑电路图，其中 A、B 是两个输入端，分别表示相加的两个二进制数；S、C 是两个输出端，分别表示相加后本位的和数及向高位的进位数。图 4-12b 所示为半加器逻辑符号。

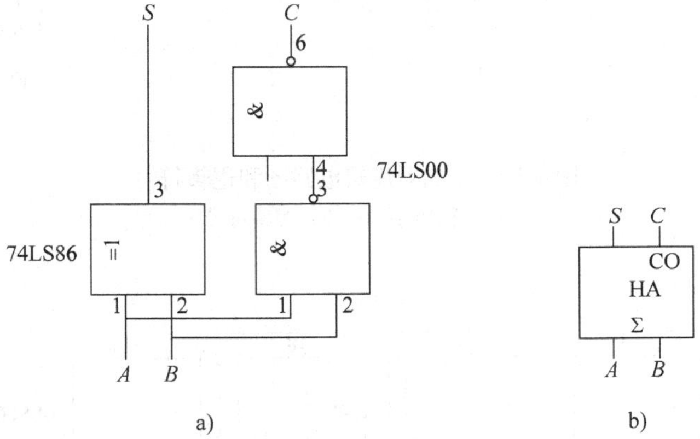

图 4-12　半加器逻辑电路和逻辑符号

a）逻辑电路　b）逻辑符号

2. 全加器

在二进制数中，考虑来自低位的进位的加法称为全加，实现全加运算功能的逻辑电路称为全加器。图 4-13a 所示为全加器逻辑电路图，有三个输入端，其中 A_i、B_i 分别表示相加的两个二进制数，C_{i-1} 表示来自低位的进位数；S_i、C_i 为两个输出端，分别表示相加后本位的和数及向高位的进位数。图 4-13b 所示为全加器逻辑符号。

3. 编码器

用二进制代码表示某种特定含义信号的过程称为编码，实现编码功能的逻辑电路称为编码器。图 4-14 所示为一个 4/2 线编码器的逻辑电路图，其中低电平有效的四个输入端 $\overline{I}_0$、$\overline{I}_1$、$\overline{I}_2$、$\overline{I}_3$，分别代表十进制数 0、1、2、3；输出端 A、B 表示两位二进制数，A 为高位、B 为低位；S 端是控制信号输出端。当 $\overline{I}_3\overline{I}_2\overline{I}_1\overline{I}_0=1110$ 时，$S=1$，$AB=00$ 是有效输出；而当 $\overline{I}_3\overline{I}_2\overline{I}_1\overline{I}_0=1111$ 时，$S=0$，$AB=00$ 是无效输出。

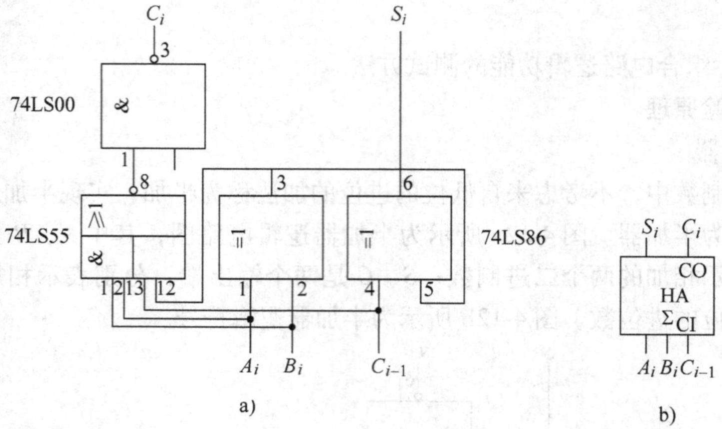

图 4-13 全加器逻辑电路图和逻辑符号

a）逻辑电路图 b）逻辑符号

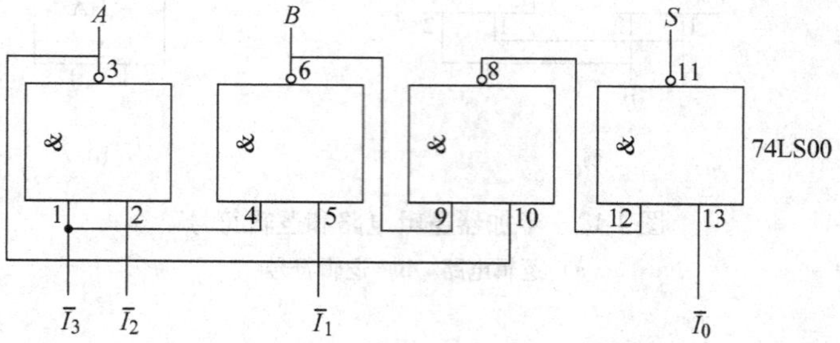

图 4-14 4/2 线编码器逻辑电路图

4. 译码器

译码是编码的逆过程。将输入的每组二进制代码的特定含义“翻译”出来的过程称为译码，实现译码功能的逻辑电路称为译码器。图 4-15 所示为 2/4 线译码器的逻辑电路图，其中输入端 A、B 表示两位二进制数，A 为高位、B 为低位；输出端 $\overline{Y}_0$、$\overline{Y}_1$、$\overline{Y}_2$、$\overline{Y}_3$ 分别表示十进制数 0、1、2、3。

5. 抢答器

在进行知识竞赛时，有许多人或组进行抢答，最先按动按钮的一方被判为抢答有效，完成这种抢答功能的逻辑电路称为抢答器。图 4-16 所示是四人抢答器的逻辑电路图，其中 A、B、C、D 为四个输入端，对应的输出端为 Y_1、Y_2、Y_3、Y_4。当某一输入端抢先为 1 时，其对应的输出端即为 1，其余输出端均为 0。

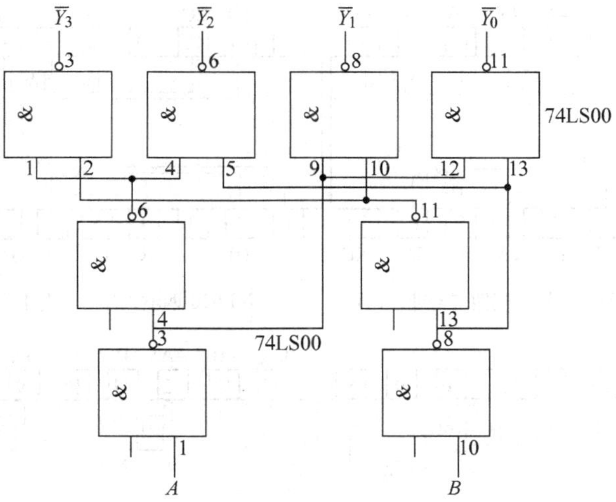

图 4-15　2/4 线译码器逻辑电路图

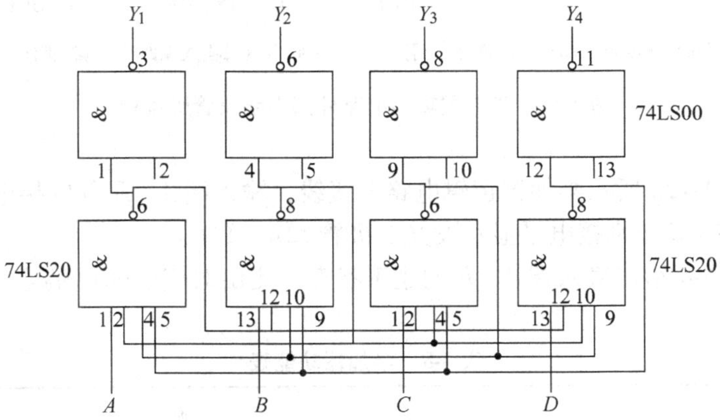

图 4-16　四人抢答器逻辑电路图

本实验所涉及到的集成逻辑门电路外部引线及引脚排列如图 4-17 所示。

四、实验仪器设备及元件

1）数字电路逻辑实验箱一台。

2）集成逻辑门电路：74LS00 二输入端四“与非”门二片，74LS20 四输入端二“与非”门二片，74LS55 四输入端二“与或非”门一片，74LS86 二输入端四“异或”门一片。

五、实验任务及步骤

1. 半加器功能测试

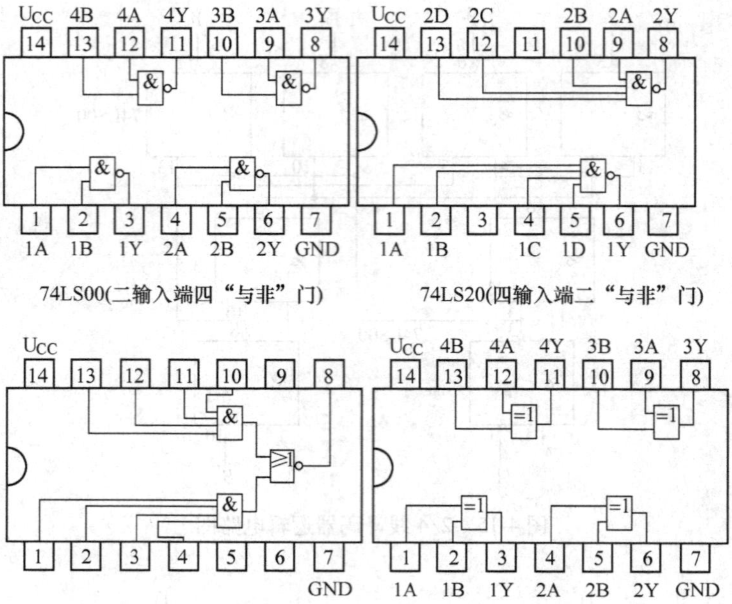

74LS00(二输入端四“与非”门)　74LS20(四输入端二“与非”门)

74LS55(四输入端二“与或非”门)　74LS86(二输入端四“异或”门)

图 4-17　集成逻辑门电路外部引线及管脚排列

1）按图 4-12a 所示半加器逻辑电路图接线，输入端 A、B 分别接电平开关 K_1、K_2，输出端 S、C 分别接电平显示发光二极管 LD_1、LD_2。

2）按表 4-8 给出输入端 A、B 的逻辑状态，测出对应的输出端 S、C 的逻辑状态并填表 4-8。

表 4-8　半加器功能表

输　入		输　出	
A	B	S	C
0	0		
0	1		
1	0		
1	1		

2. 全加器逻辑功能测试

1）按图 4-13a 所示全加器逻辑电路图接线，输入端 A_i、B_i、C_{i-1} 分别接电平开关 K_1、K_2、K_3，输出端 S_i、C_i 分别接电平显示发光二极管 LD_1、LD_2。

2）按表 4-9 给出输入端 A_i、B_i、C_{i-1} 的逻辑状态，测出对应的输出端 S_i、C_i 的

逻辑状态并填表 4-9。

表 4-9　全加器功能表

输　入			输　出	
A_i	B_i	C_{i-1}	S_i	C_i
0	0	0		
0	0	1		
0	1	0		
0	1	1		
1	0	0		
1	0	1		
1	1	0		
1	1	1		

3. 编码器逻辑功能测试

1）按图 4-14 所示 4/2 线编码器逻辑电路图接线，输入端 $\overline{I}_3$、$\overline{I}_2$、$\overline{I}_1$、$\overline{I}_0$ 分别接电平开关 K_3、K_2、K_1、K_0，输出端 A、B 分别接电平显示发光二极管 LD_1、LD_2，控制信号输出端 S 接电平显示发光二极管 LD_3。

2）按表 4-10 给出输入端 $\overline{I}_3$、$\overline{I}_2$、$\overline{I}_1$、$\overline{I}_0$ 的逻辑状态，测出对应的输出端 A、B 及控制信号输出端 S 的逻辑状态并填表 4-10。

表 4-10　编码器逻辑功能表

输　入				输　出		
$\overline{I}_3$	$\overline{I}_2$	$\overline{I}_1$	$\overline{I}_0$	A	B	S
1	1	1	1			
1	1	1	0			
1	1	0	1			
1	0	1	1			
0	1	1	1			

4. 译码器逻辑功能测试

1）按图 4-15 所示 2/4 线译码器逻辑电路图接线，输入端 A、B 分别接电平开关 K_1、K_2，输出端 $\overline{Y}_3$、$\overline{Y}_2$、$\overline{Y}_1$、$\overline{Y}_0$ 分别接电平显示发光二极管 LD_3、LD_2、LD_1、LD_0。

2）按表 4-11 给出输入端 A、B 的逻辑状态，测出对应的输出端 $\overline{Y}_3$、$\overline{Y}_2$、$\overline{Y}_1$、$\overline{Y}_0$ 的逻辑状态并填表 4-11。

表 4-11 译码器逻辑功能表

输入		输出			
A	B	$\overline{Y}_3$	$\overline{Y}_2$	$\overline{Y}_1$	$\overline{Y}_0$
0	0				
0	1				
1	0				
1	1				

5. 抢答器逻辑功能测试

1）按图 4-16 所示四人抢答器逻辑电路图接线，输入端 A、B、C、D 分别接电平开关 K_1、K_2、K_3、K_4，输出端 Y_1、Y_2、Y_3、Y_4 分别接电平显示发光二极管 LD_1、LD_2、LD_3、LD_4。

2）按表 4-12 给出输入端 $ABCD$ 的抢答逻辑状态，测出对应的输出端 Y_1、Y_2、Y_3、Y_4 的逻辑状态并填表 4-12。

表 4-12 四人抢答器逻辑功能表

输入抢答顺序				输出			
A	B	C	D	Y_1	Y_2	Y_3	Y_4
1	×	×	×				
×	1	×	×				
×	×	1	×				
×	×	×	1				

上述实验任务可由任课教师任选其中 2～3 个任务。

六、思考题

1）在数字实验逻辑箱上如何迅速检测 TTL“与非”门的好坏？

2）若在实验中将 5V 电源的正负极接反，会产生什么后果？

3）测试过程中遇到什么问题是如何解决的？

七、实验总结报告

1）将实验测试的各电路的逻辑功能与理论分析结果进行比较。

2）总结实验过程中出现的故障，总结检查和排除故障的方法。

3）回答思考题，总结实验经验和收获。

实验四　组合逻辑电路设计

一、实验目的

1）了解 TTL 门电路的基本用法。

2）掌握使用中、小规模集成电路设计组合逻辑电路的方法。

3）掌握组合逻辑电路的测试方法。

二、预习要求

1）熟悉所给定实验芯片的功能及引脚排列。

2）根据实验任务要求写出设计步骤，并根据所给的门电路画出逻辑电路图。

3）制定测试方法、步骤和记录表格。

三、实验原理

使用中、小规模集成电路设计组合逻辑电路的一般步骤如图 4-18 所示。

1）根据设计任务要求进行逻辑抽象，确定输入、输出变量，并进行逻辑规定。

2）列出真值表。

3）写出逻辑表达式，并进行逻辑表达式的公式法或卡诺图化简，得到最简逻辑表达式。

4）根据实际选用的逻辑门的类型进行逻辑表达式的变形。

5）画出逻辑电路。

6）用给定的标准器件构成逻辑电路。

7）用实验来验证设计的正确性。

本实验所涉及的集成逻辑门电路外部引线及引脚排列如图 4-19 所示。

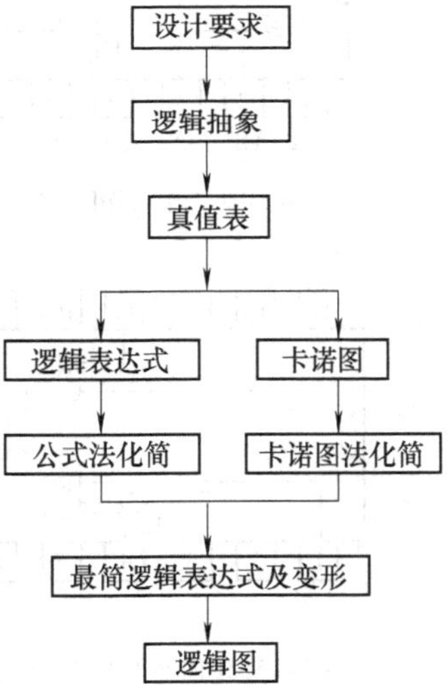

图 4-18　组合逻辑电路的设计步骤

四、实验仪器设备及元件

1）数字电路逻辑实验箱一台。

2）集成逻辑门电路：74LS00 二输入端四“与非”门二片、74LS20 四输入端二“与非”门二片、74LS02 二输入端四“或非”门一片、74LS08 二输入端四“与”门一片、74LS55 四输入端二“与或非”门一片、74LS86 四输入端二“异或”门二片。

3）集成译码器：74LS138 三-八线译码器一片。

五、实验内容及要求

1）用“与非”门设计一个四位代码的数字锁。

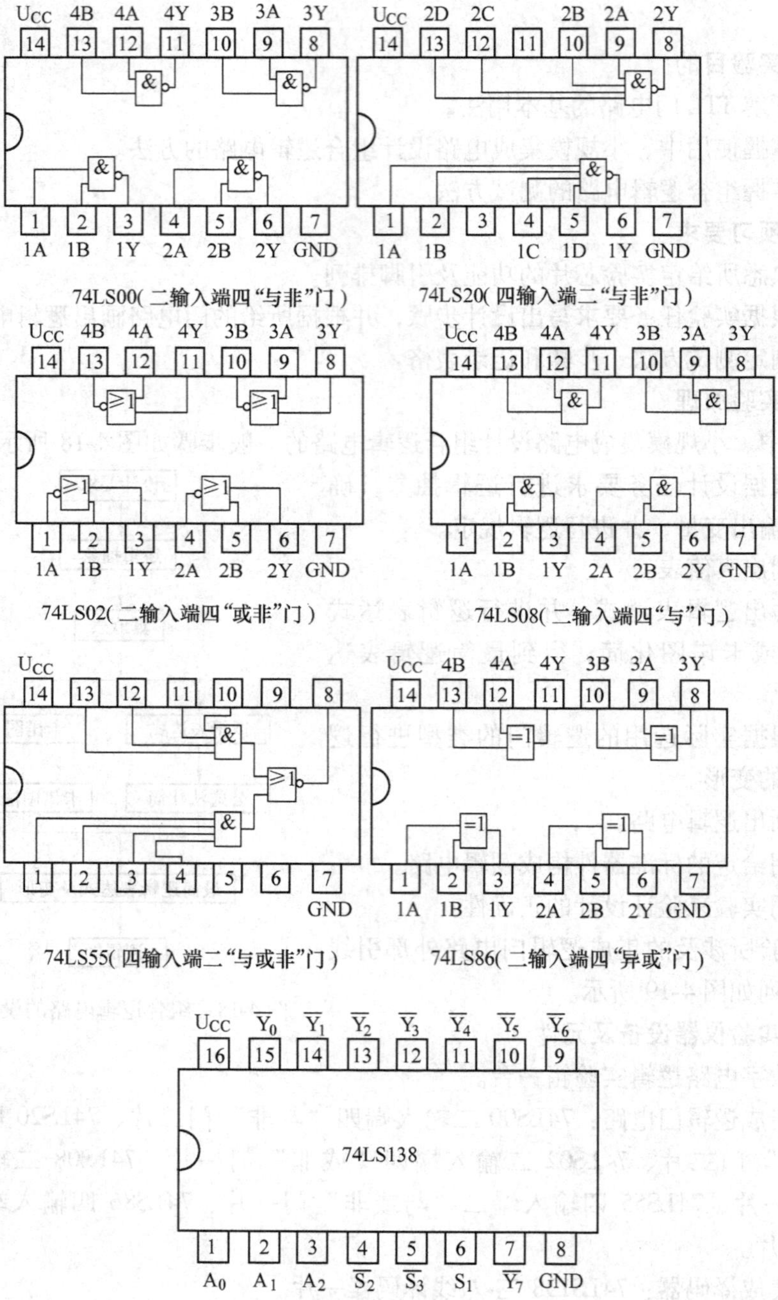

图 4-19　集成逻辑门电路外部引线及引脚排列

设计要求：设 A、B、C、D 是四位代码输入端，E 是钥匙用的插孔输入端。当开锁($E=1$)时，如果输入的代码(例如 $ABCD=0101$)与设定的代码相同时，则锁打开（绿灯亮），否则，发出报警信号（红灯亮）。

2）用“异或”门和“与非”门设计一个路灯控制电路。

设计要求：走廊中的一只电灯 L，由安装在三处的开关 A、B、C 进行控制，要求三个开关都能独立地控制灯的亮和灭。

3）用“与”门、“与非”门及“或非”门设计一个对两个两位无符号的二进制数进行比较的电路。

设计要求：有两个两位无符号的二进制数，根据第一个数是否大于、等于、小于第二个数，使相应的三个输出端中的一个输出为“1”。

4）用集成译码器 74LS138 及合适的门电路设计一个二进制全加器。

5）用集成译码器 74LS138 及“与非”门设计一个二进制全减器。

6）用集成译码器 74LS138 及“与非”门设计一个灯的控制电路，要求任何一个开关都可以控制灯的亮与灭。

7）四位二进制数 $N=ABCD$，当 $3\leqslant N\leqslant 13$ 时，输出函数 F 为“1”，否则 F 为“0”。要求用“与非”门实现该逻辑关系。

六、实验总结报告

1）根据设计任务要求写出设计步骤，并画出设计的逻辑电路图。

2）对所设计的电路进行实验测试，并记录测试结果。

3）总结组合逻辑电路的设计体会、测试过程中出现的问题及解决办法。

实验五　集成触发器

一、实验目的

1）掌握边沿型 JK 触发器和 D 触发器的工作原理及逻辑功能。

2）熟练掌握 JK 触发器和 D 触发器的逻辑功能测试方法。

3）掌握触发器之间的功能转换方法及逻辑功能测试方法。

4）了解同步三进制加法计数器的原理及测试方法。

5）了解用触发器和“与非”门设计四人抢答器的设计思路和逻辑功能。

二、预习要求

1）熟悉 JK 触发器和 D 触发器的逻辑功能，比较 JK 触发器与 D 触发器功能的共性及差异。

2）熟悉触发器之间的功能转换方法。

3）熟悉实验芯片 74LS112 及 74LS74 的功能及引脚排列。

4）了解触发器的应用。

三、实验原理

触发器具有记忆功能和存储二进制信息的功能，是组成时序逻辑电路的基本单元，其结构有同步、主从和维持阻塞三种。按功能可分为RS触发器、JK触发器、D触发器、T触发器和T′触发器。按触发方式可分为电平触发、边沿触发和主从触发。

1. JK触发器

JK触发器有主从型和边沿型两种基本结构形式，多数为边沿型且在CP下降沿触发翻转。JK触发器逻辑符号如图4-20所示，它具有置0、置1、保持和翻转四种功能，其特征方程为

$$Q^{n+1}=J\overline{Q^n}+\overline{K}Q^n$$

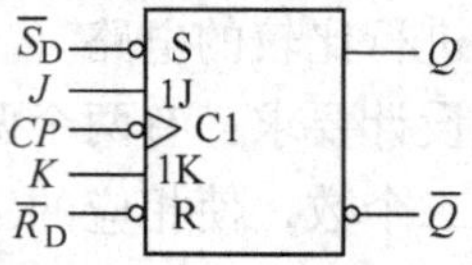

图4-20　JK触发器逻辑符号

也可以简单概括为：当J、K状态不同时，输出状态随J变；当J、K状态相同时，若JK为00时输出状态保持，若JK为11时输出状态翻转。

异步复位端$\overline{R}_D$、异步置位端$\overline{S}_D$均为低电平有效，且具有优先权。当$\overline{R}_D=0$、$\overline{S}_D=1$时，无论J、K及CP为何值，输出Q均为“0”，称为直接置0；当$\overline{R}_D=1$、$\overline{S}_D=0$时，无论J、K及CP为何值，输出Q均为“1”，称为直接置1。当不需要直接置0或直接置1时，$\overline{R}_D$和$\overline{S}_D$均为高电平。

2. D触发器

D触发器多数为维持阻塞型，且在CP上升沿触发翻转。D触发器逻辑符号如图4-21所示，它具有置0、置1两种功能，其特征方程为

$$Q^{n+1}=D$$

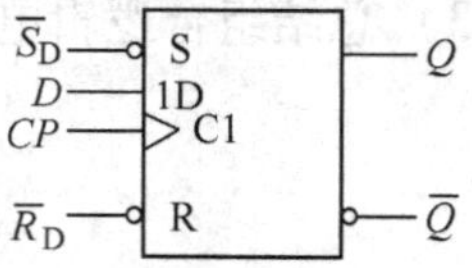

图4-21　D触发器逻辑符号

$\overline{R}_D$、$\overline{S}_D$为异步复位端和异步置位端，均为低电平有效，且具有优先权。当$\overline{R}_D=0$、$\overline{S}_D=1$时，无论D及CP为何值，输出Q均为“0”，直接置0；当$\overline{R}_D=1$、$\overline{S}_D=0$时，无论D及CP为何值，输出Q均为“1”，直接置1。当不需要直接置0或直接置1时，$\overline{R}_D$和$\overline{S}_D$均为高电平。

3. T触发器和T′触发器

T触发器是一种可控计数型触发器，其逻辑符号如图4-22所示，特征方程为

$$Q^{n+1}=T\overline{Q^n}+\overline{T}Q^n$$

当$T=1$时，$Q^{n+1}=\overline{Q^n}$，具有计数功能；当$T=0$时，$Q^{n+1}=Q^n$，具有保持功能。

T′触发器的逻辑功能是每来一个时钟脉冲，就翻转一次，即$Q^{n+1}=\overline{Q^n}$，具有计数功能。

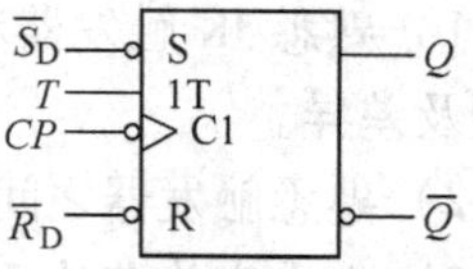

图4-22　T触发器逻辑符号

4. 各触发器之间的互相转换

当需要将某种触发器转换为另一种触发器时，可以在触发器外添加适当的组合逻辑电路来实现。各触发器的特征方程分别为：

JK 触发器　　$Q^{n+1}=J\overline{Q^n}+\overline{K}Q^n$

D 触发器　　$Q^{n+1}=D$

T 触发器　　$Q^{n+1}=T\overline{Q^n}+\overline{T}Q^n$

T′触发器　　$Q^{n+1}=\overline{Q^n}$

从这些特征方程不难看出：

1）将 JK 触发器转换为 D 触发器：$J=D,K=\overline{D}$。

2）将 D 触发器转换为 JK 触发器：$D=J\overline{Q^n}+\overline{K}Q^n=\overline{\overline{J\overline{Q^n}}\cdot\overline{\overline{K}Q^n}}$。

3）将 JK 触发器转换为 T 触发器：$J=K=T$。

4）将 JK 触发器转换为 T′触发器：$J=K=1$。

5）将 D 触发器转换为 T′触发器：$D=\overline{Q^n}$。

5. 同步三进制加法计数器

用两级 JK 触发器通过适当连接可构成同步三进制加法计数器，这是 JK 触发器在时序逻辑电路中的一个具体应用。如图 4-23 所示，计数器由两级 JK 触发器构成，Q_1 为高位，Q_0 为低位。

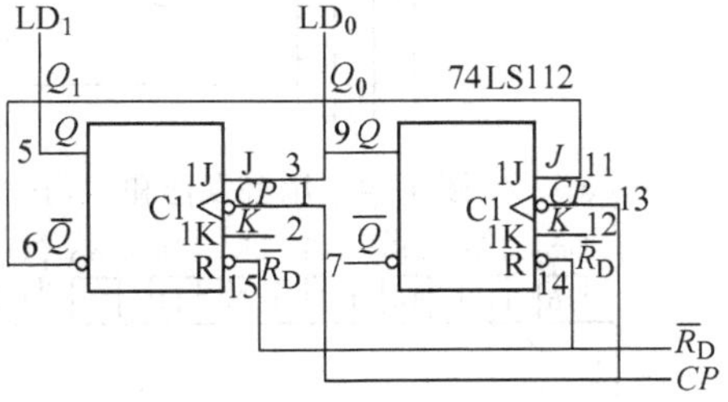

图 4-23　同步三进制加法计数器

6. 用触发器和“与非”门构成的四人抢答器

用四个 D 触发器和四个“与非”门及四个“反相器”通过适当的连接也可以构成四人抢答器，如图 4-24 所示。其中 A、B、C、D 为四个输入端，对应的输出端为 Q_A、Q_B、Q_C、Q_D。当某一输入端抢先为 1 时，其对应的输出端即为 1，其余输出端均为 0。

本实验所涉及到的集成触发器和集成逻辑门电路外部引线及引脚排列如图 4-25 所示。

四、实验仪器设备及元件

1）数字电路逻辑实验箱一台。

2）双踪示波器一台。

3）集成逻辑门电路：74LS00 二输入端四“与非”门一片；74LS20 四输入端二“与非”门二片。

4）集成触发器：74LS112 双 JK 型下降沿触发器一片；74LS74 双 D 型上升沿触发器二片。

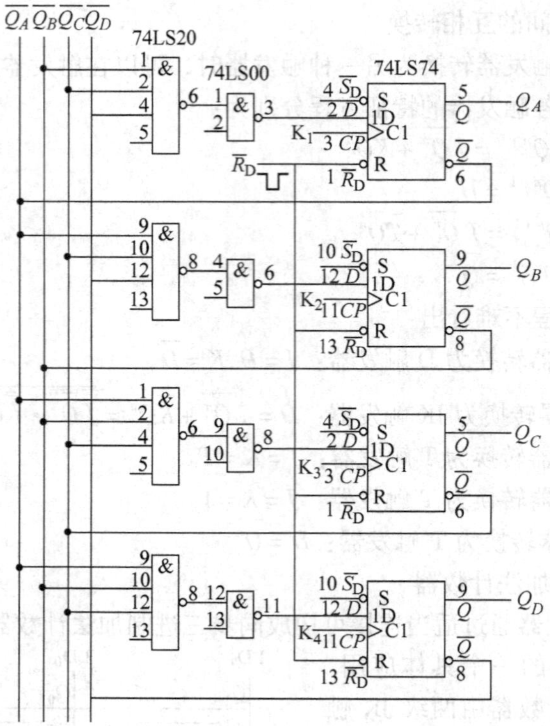

图 4-24　用触发器和“与非”门构成的四人抢答器电路

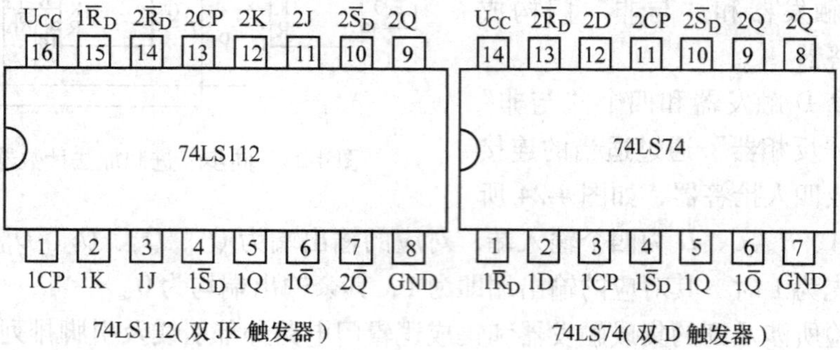

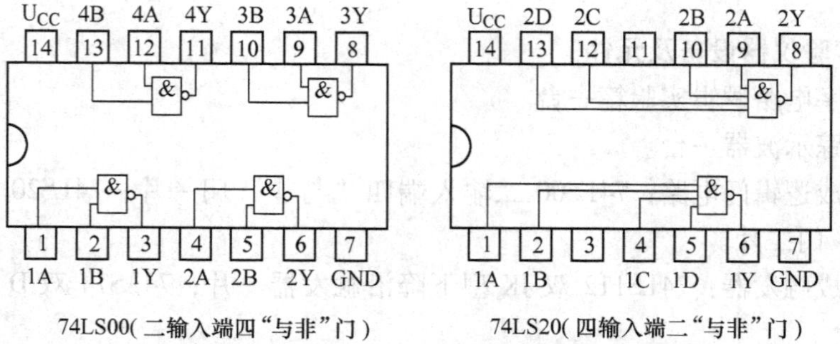

图 4-25　集成触发器和集成逻辑门电路外部引线及引脚排列

五、实验任务及步骤

1. D 触发器逻辑功能测试

1）按图 4-26 所示电路接线，对 D 触发器进行逻辑功能测试。$\overline{R}_D$、$\overline{S}_D$ 和 D 端分别接电平开关 K_1、K_2 和 K_3，Q 端接电平显示发光二极管 LD。

2）按表 4-13 要求测试 D 触发器逻辑功能并填表。

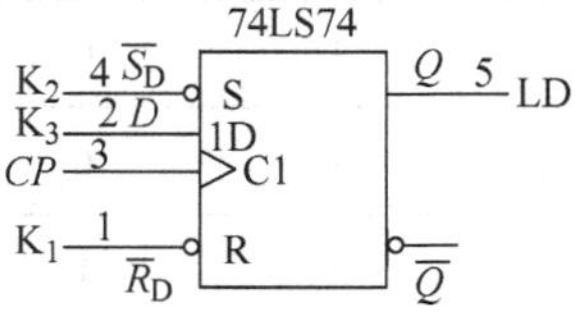

图 4-26　D 触发器功能测试电路

表 4-13　D 触发器功能测试表

输　出	输　入				输出	功　能
Q^n	$\overline{R}_D$	$\overline{S}_D$	D	CP	Q^{n+1}	
×	0	1	×	×		
×	1	0	×	×		
0	1	1	0	↑		
1	1	1	0	↑		
0	1	1	1	↑		
1	1	1	1	↑		

2. JK 触发器逻辑功能测试

1）按图 4-27 所示电路接线，对 JK 触发器进行逻辑功能测试。$\overline{R}_D$、$\overline{S}_D$ 和 J、K 端分别接电平开关 K_1、K_2 和 K_3、K_4，Q 端接电平显示发光二极管 LD。

2）按表 4-14 要求测试 JK 触发器逻辑功能并填表。

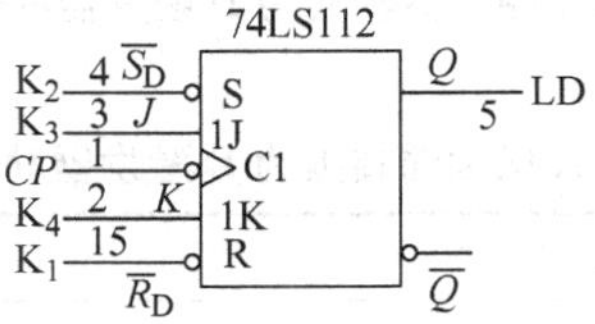

图 4-27　JK 触发器功能测试电路

表 4-14　JK 触发器功能测试表

输出	输　入					输出	功能
Q^n	$\overline{R}_D$	$\overline{S}_D$	J	K	CP	Q^{n+1}	
×	0	1	×	×	×		
×	1	0	×	×	×		
0	1	1	0	0	↓		
1	1	1	0	0	↓		

（续）

输出	输　入					输出	功能
Q^n	$\overline{R}_D$	$\overline{S}_D$	J	K	CP	Q^{n+1}	
0	1	1	0	1	↓		
1	1	1	0	1	↓		
0	1	1	1	0	↓		
1	1	1	1	0	↓		
0	1	1	1	1	↓		
1	1	1	1	1	↓		

3. 将 JK 触发器转换为 D 触发器逻辑功能测试

1）按图 4-28 所示将 JK 触发器转换为 D 触发器逻辑电路接线，$\overline{R}_D$、$\overline{S}_D$ 和 D 端分别接电平开关 K_1、K_2 和 K_3，Q 端接电平显示发光二极管 LD。

2）按表 4-15 要求测试逻辑功能并填表。

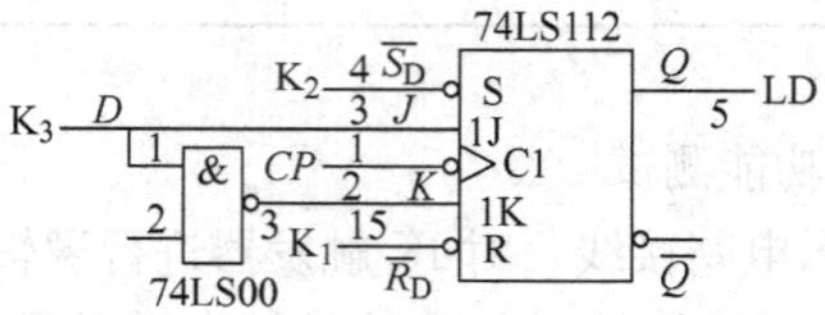

图 4-28　JK 触发器转换为 D 触发器的逻辑电路

表 4-15　JK 触发器转换为 D 触发器功能测试表

输　入				输出	功　能
$\overline{R}_D$	$\overline{S}_D$	D	CP	Q^{n+1}	
1	1	0	↓		
1	1	1	↓		

4. 将 D 触发器转换为 JK 触发器逻辑功能测试

1）按图 4-29 所示将 D 触发器转换为 JK 触发器逻辑电路接线，$\overline{R}_D$、$\overline{S}_D$ 和 J、K 端分别接电平开关 K_1、K_2 和 K_3、K_4，Q 端接电平显示发光二极管 LD。

2）按表 4-16 要求测试逻辑功能并填表。

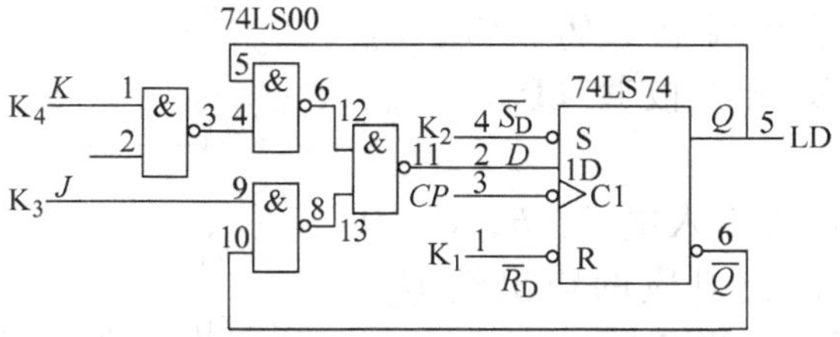

图 4-29　D 触发器转换为 JK 触发器的逻辑电路

表 4-16　D 触发器转换为 JK 触发器功能测试表

输出	输　入					输出	功能
Q^n	$\overline{R}_D$	$\overline{S}_D$	J	K	CP	Q^{n+1}	
0	1	1	0	0	↑		
1	1	1	0	0	↑		
0	1	1	0	1	↑		
1	1	1	0	1	↑		
0	1	1	1	0	↑		
1	1	1	1	0	↑		
0	1	1	1	1	↑		
1	1	1	1	1	↑		

5. 同步三进制加法计数器功能测试

1）按图 4-23 所示同步三进制加法计数器电路接线，$\overline{R}_D$ 端接开关 K，CP 接单脉冲，Q_1、Q_0 端分别接电平显示发光二极管 LD_1、LD_0。

2）先使计数器“清 0”（通过开关 K 给 $\overline{R}_D$ 一个低电平），然后在 $\overline{R}_D$ 为高电平时连续按动 CP 单脉冲起动键，即产生 CP_1、CP_2、CP_3，并分别记录计数器相应的状态，将结果填于表 4-17 中。

表 4-17　同步三进制加法计数器功能测试表

CP	Q_1　Q_0	CP	Q_1　Q_0
0	0　0	2	
1		3	

3）使 CP 为 1kHz 连续脉冲（将 CP 直接用线插入 1kHz 插孔），用示波器分别观测 CP、Q_0、Q_1 的波形，并将对应波形画在图 4-30 中。

6. 用触发器和“与非”门构成的四人抢答器功能测试

1）按图 4-24 所示四人抢答器电路接线，输入端 A、B、C、D 分别接电平开关 K_1、K_2、K_3、K_4，输出端 Q_A、Q_B、Q_C、Q_D 分别接电平显示发光二极管 LD_A、LD_B、LD_C、LD_D。

2）按表 4-18 给出输入端 A、B、C、D 的抢答逻辑状态，测出对应的输出端 Q_A、Q_B、Q_C、Q_D 的逻辑状态并填表。

图 4-30 同步三进制加法计数器波形

表 4-18 用触发器和“与非”门构成的四人抢答器逻辑功能表

输入抢答顺序				输出			
A	B	C	D	Q_A	Q_B	Q_C	Q_D
1	×	×	×				
×	1	×	×				
×	×	1	×				
×	×	×	1				

六、思考题

1）怎样在逻辑箱上迅速地测试 D 触发器好坏？

2）画出将 JK 触发器转换为 T 触发器及 T′触发器、将 D 触发器转换为 T 触发器及 T′触发器的逻辑电路图。

3）在测试 JK 触发器和 D 触发器的逻辑功能时，为什么必须使 $\overline{R}_D$ 和 $\overline{S}_D$ 均为高电平？

七、实验总结报告

1）整理实验记录结果及实验表格，验证各触发器的功能。

2）画出实验中要求的波形。

3）回答思考题。

4）总结实验收获和体会，包括在实验中遇到的问题及解决的办法。

实验六 寄存器及其应用

一、实验目的

1）熟悉中规模集成四位双向移位寄存器的逻辑功能及使用方法。

2）了解移位寄存器的应用，实现数据的串行、并行转换和构成环形计数器。

3）了解由移位寄存器构成的脉冲分配器的设计思路和逻辑功能。

二、预习要求

1）熟悉 74LS194 的逻辑功能及引脚排列。

2）了解实验原理，熟悉实验步骤。

3）设计实验表格。

三、实验原理

寄存器是用来寄存二进制数码（数据）的逻辑部件。寄存器可采用多个触发器加上需要的组合逻辑门电路搭接而成，也可直接采用中规模集成寄存器。按功能划分，寄存器可分为数码寄存器和移位寄存器。数码寄存器用来存放数码，具有接收数码、保持并清除原有数码等功能。移位寄存器除了具有存放数码的功能之外，还具有将寄存的数码进行移位的功能，即在时钟脉冲 CP 的作用下，将寄存器中存放的数码依次左移或右移。按照存取数码的方式不同，移位寄存器可有四种工作方式：串行存入/串行取出、串行存入/并行取出、并行存入/串行取出、并行存入/并行取出。

1. 中规模集成移位寄存器 74LS194

74LS194 是中规模集成四位双向移位寄存器，其逻辑符号如图 4-31 所示，其外部引线及引脚排列如图 4-32 所示，其逻辑功能见表 4-19。

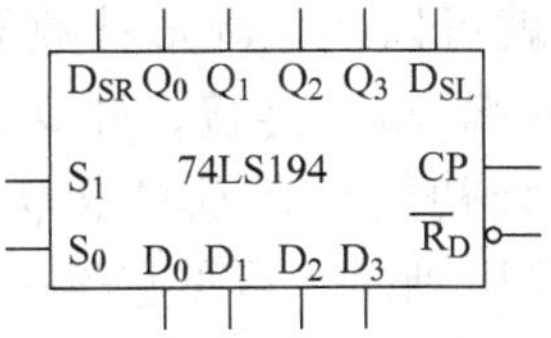

图 4-31 74LS194 的逻辑符号

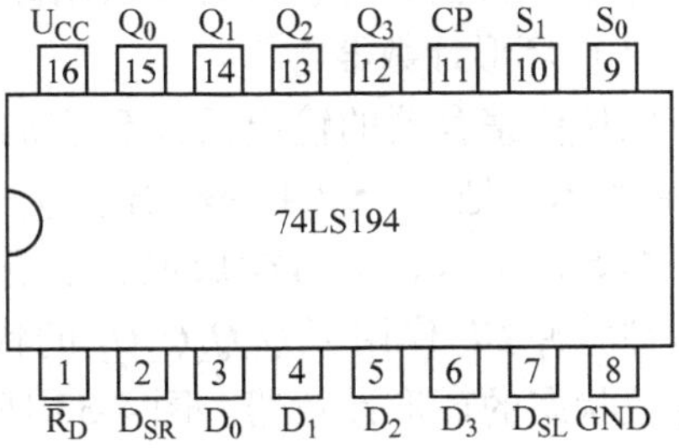

图 4-32 集成四位双向移位寄存器外部引线及引脚排列

D_0、D_1、D_2、D_3 是并行数据输入端；Q_0、Q_1、Q_2、Q_3 是并行数据输出端；D_{SL}是左移串行数据输入端；D_{SR}是右移串行数据输入端；S_1、S_0 是工作模式控制端，当 S_1S_0 分别等于 00、01、10、11 时，其功能分别为保持、右移（方向从 Q_0 到 Q_3）、左移（方向从 Q_3 到 Q_0）、寄存；$\overline{R}_D$ 是直接清零（复位）端；CP 是时钟脉冲输入端。

表 4-19 74LS194 逻辑功能表

功能	输入											输出			
	清零	功能选择		时钟	串入		并入					并出			
	$\overline{R}_D$	S_1	S_0	CP	D_{SL}	D_{SR}	D_0	D_1	D_2	D_3		Q_0	Q_1	Q_2	Q_3
清零	0	×	×	×	×	×	×	×	×	×		0	0	0	0
保持	1	0	0	×	×	×	×	×	×	×		Q_0^n	Q_1^n	Q_2^n	Q_3^n

（续）

功能	输入										输出			
	清零	功能选择		时钟	串入		并入				并出			
	$\overline{R}_D$	S_1	S_0	CP	D_{SL}	D_{SR}	D_0	D_1	D_2	D_3	Q_0	Q_1	Q_2	Q_3
右移	1	0	1	↑	×	1	×	×	×	×	1	Q_0^n	Q_1^n	Q_2^n
	1	0	1	↑	×	0	×	×	×	×	0	Q_0^n	Q_1^n	Q_2^n
左移	1	1	0	↑	1	×	×	×	×	×	Q_0^n	Q_1^n	Q_2^n	1
	1	1	0	↑	0	×	×	×	×	×	Q_0^n	Q_1^n	Q_2^n	0
并行寄存	1	1	1	↑	×	×	d_0	d_1	d_2	d_3	d_0	d_1	d_2	d_3

2. 移位寄存器的应用

移位寄存器的的应用很广，可构成移位寄存器型计数器、顺序脉冲发生器、串行累加器、数据转换（即将串行数据转换为并行数据或将并行数据转换为串行数据）等。本实验研究移位寄存器用做环形计数器和数据的串、并行转换。

（1）环形计数器

把移位寄存器的输出反馈到它的串行输入端，就可以构成环形计数器。如图4-33a 所示，把 74LS194 的输出端 Q_3 与右移串行输入端 D_{SR} 相连接，并令工作模式控制端 $S_1S_0=01$，就可构成四位右移环形计数器。设初始状态 $Q_0Q_1Q_2Q_3=1000$，在时钟脉冲 CP 作用下 $Q_0Q_1Q_2Q_3$ 的状态变化如图 4-33b 所示，可见它是一个具有 4 个有效状态的环形计数器。图 4-33 所示电路的各个输出端输出波形在时间上是有先后顺序的脉冲，因此，也可作为顺序脉冲发生器。

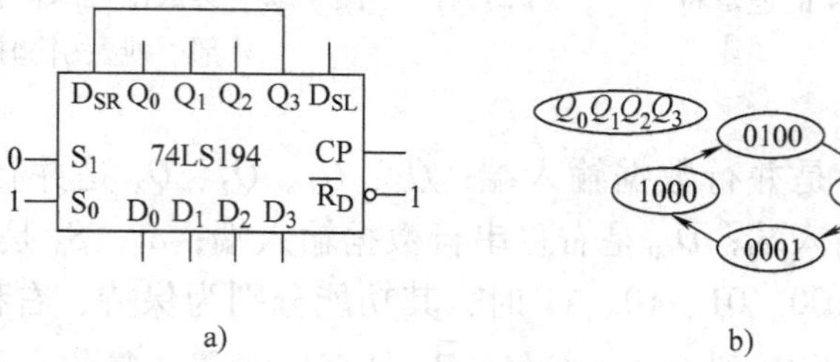

a)　　b)

图 4-33　环形计数器

如果把 74LS194 的输出端 Q_0 与左移串行输入端 D_{SL} 相连接，并令工作模式控制端 $S_1S_0=10$，就可构成四位左移环形计数器。

（2）实现数据串、并行转换

1）串行/并行转换器：串行/并行转换是将串行输入的数码经转换电路变成并行输出。图 4-34 所示电路是用两片 74LS194 组成的七位串行/并行转换电路。

电路中 $S_0=1$，S_1 受 Q_7 控制，两片寄存器连接成串行输入右移工作模式，Q_7 是转换结束标志。当 $Q_7=1$ 时，S_1 为 0，使 $S_1S_0=01$，电路成为右移方式；当 $Q_7=0$ 时，S_1 为 1，使 $S_1S_0=11$，则串行送数结束，标志着串行输入数据已转换成并联输出数据。

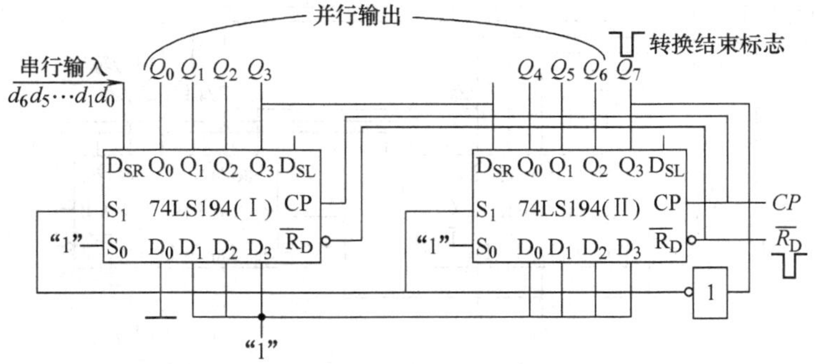

图 4-34 七位串行/并行转换器

串行/并行转换的具体过程为：

转换前，$\overline{R}_D$ 加低电平，使（Ⅰ）（Ⅱ）两片寄存器清零，此时 $S_1S_0=11$，寄存器处于并行输入工作方式。当第一个 CP 脉冲到来后，寄存器的输出端 $Q_0\sim Q_7$ 被预置为 01111111，与此同时 S_1S_0 变为 01，转换电路变为串行右移工作方式，串行输入数据由（Ⅰ）片的 D_{SR} 端加入。随着 CP 脉冲的依次加入，输出状态的变化如表 4-20 所示。

表 4-20 七位串行/并行转换器的输出状态表

CP	Q_0	Q_1	Q_2	Q_3	Q_4	Q_5	Q_6	Q_7	说明
0	0	0	0	0	0	0	0	0	清零
1	0	1	1	1	1	1	1	1	预置数
2	d_0	0	1	1	1	1	1	1	右
3	d_1	d_0	0	1	1	1	1	1	移
4	d_2	d_1	d_0	0	1	1	1	1	操
5	d_3	d_2	d_1	d_0	0	1	1	1	作
6	d_4	d_3	d_2	d_1	d_0	0	1	1	七
7	d_5	d_4	d_3	d_2	d_1	d_0	0	1	次
8	d_6	d_5	d_4	d_3	d_2	d_1	d_0	0	
9	0	1	1	1	1	1	1	1	预置数

由表 4-20 可见，右移操作七次之后，当 Q_7 变为 0，S_1S_0 变为 11，说明串行输

入结束，此时串行输入数据已转换成并行数据，从 $Q_0 \sim Q_6$ 端输出。

2）并行/串行转换器：并行/串行转换是将并行输入的数码经转换电路变成串行输出。图 4-35 所示电路是用两片 74LS194 组成的七位并行/串行转换电路。

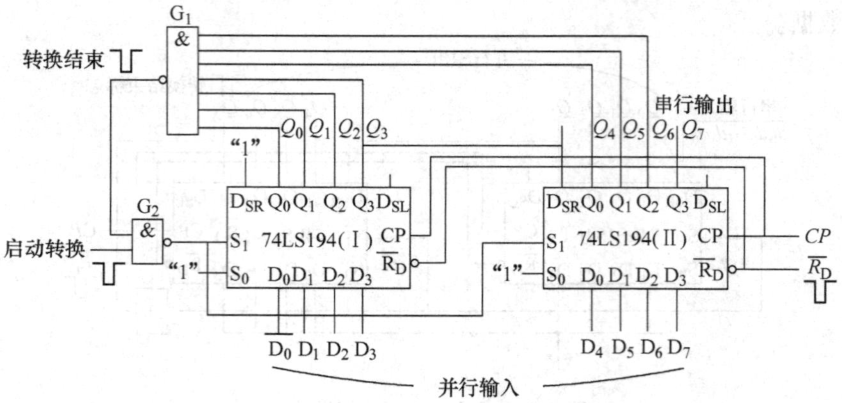

图 4-35　七位并行/串行转换器

并行/串行转换的具体过程为：

转换前，$\overline{R}_D$ 加低电平，使（Ⅰ）（Ⅱ）两片寄存器清零。当启动转换负脉冲到来时，此时 $S_1S_0 = 11$，寄存器处于并行输入工作方式。当第一个 CP 脉冲到来后，寄存器的输出端 $Q_0Q_1Q_2Q_3Q_4Q_5Q_6Q_7$ 被预置为 $0D_1D_2D_3D_4D_5D_6D_7$，并行输入数码存入寄存器，同时使得门 G_1 输出为 1，门 G_2 输出为 0，此时 S_1S_0 变为 01，转换电路变为串行右移工作方式。随着 CP 脉冲的依次加入，输出状态依次右移，待右移七次后，$Q_0 \sim Q_6$ 的状态都为高电平 1，门 G_1 输出为 0，门 G_2 输出为 1，S_1S_0 变为 11，表示并行/串行转换结束。其输出状态变化如表 4-21 所示。

表 4-21　七位并行/串行转换器的输出状态表

CP	Q_0	Q_1	Q_2	Q_3	Q_4	Q_5	Q_6	Q_7	串行输出						
0	0	0	0	0	0	0	0	0							
1	0	D_1	D_2	D_3	D_4	D_5	D_6	D_7							
2	1	0	D_1	D_2	D_3	D_4	D_5	D_6	D_7						
3	1	1	0	D_1	D_2	D_3	D_4	D_5	D_6	D_7					
4	1	1	1	0	D_1	D_2	D_3	D_4	D_5	D_6	D_7				
5	1	1	1	1	0	D_1	D_2	D_3	D_4	D_5	D_6	D_7			
6	1	1	1	1	1	0	D_1	D_2	D_3	D_4	D_5	D_6	D_7		
7	1	1	1	1	1	1	0	D_1	D_2	D_3	D_4	D_5	D_6	D_7	
8	1	1	1	1	1	1	1	0	D_1	D_2	D_3	D_4	D_5	D_6	D_7
9	0	D_1	D_2	D_3	D_4	D_5	D_6	D_7							

（3）脉冲分配器

脉冲分配器又称节拍脉冲发生器、顺序脉冲发生器，它是向步进电动机三相定子绕组 U、V、W 提供三相六拍时序脉冲的控制电路，使得三相定子绕组得电的顺序为 U→UV→V→VW→W→WU→U……它可由计数器和译码器构成，也可以由移位寄存器构成。如图 4-36 所示为由移位寄存器构成的脉冲分配器，$Q_U^{n+1}=\overline{Q_V^n}, Q_V^{n+1}=\overline{Q_W^n}, Q_W^{n+1}=\overline{Q_U^n}$，实质上连接成为右移循环移位寄存器，在连续六个 CP 脉冲作用下，对应的状态为 U→UV→V→VW→W→WU。图中电阻 $R=10\text{k}\Omega$ 和电容 $C=10\mu\text{F}$ 构成积分电路，其作用是在电源接通瞬间由于 $u_C=0$，而使 $Q_U=1$，$Q_V=1$，$Q_W=0$，使电路具有自启动动能，随着 u_C 趋于 +5V 而使复位和置位作用消失。

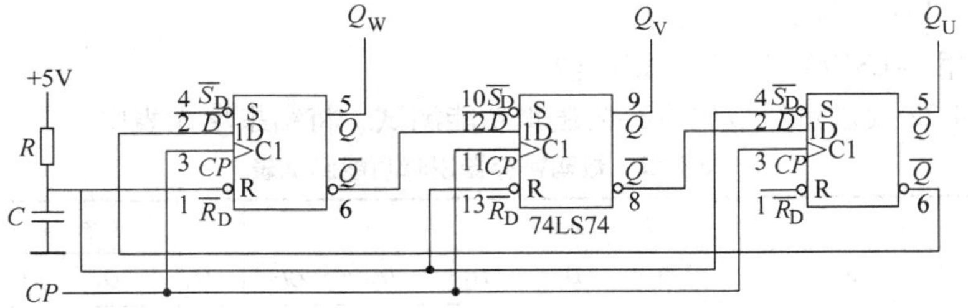

图 4-36 六节拍脉冲分配器

本实验所涉及的集成移位寄存器和集成触发器外部引线及引脚排列如图 4-37 所示。

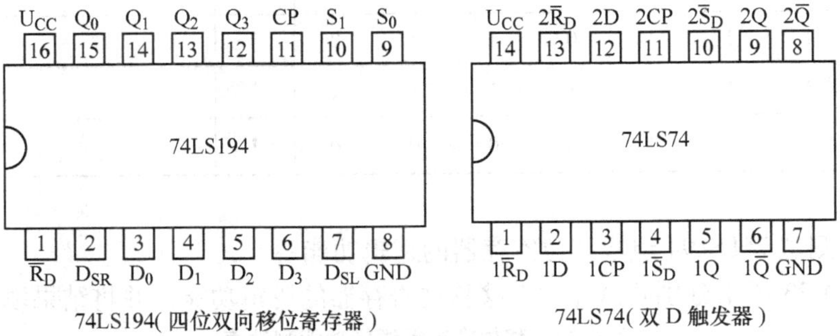

图 4-37 集成移位寄存器和集成触发器外部引线及引脚排列

四、实验仪器设备及元件

1）数字电路逻辑实验箱一台。

2）双踪示波器一台。

3）集成逻辑门电路：74LS00 二输入端四“与非”门一片；74LS20 四输入端二“与非”门一片。

4）集成触发器：74LS74 双 D 型上升沿触发器二片。

5）集成四位双向移位寄存器：74LS194 二片。

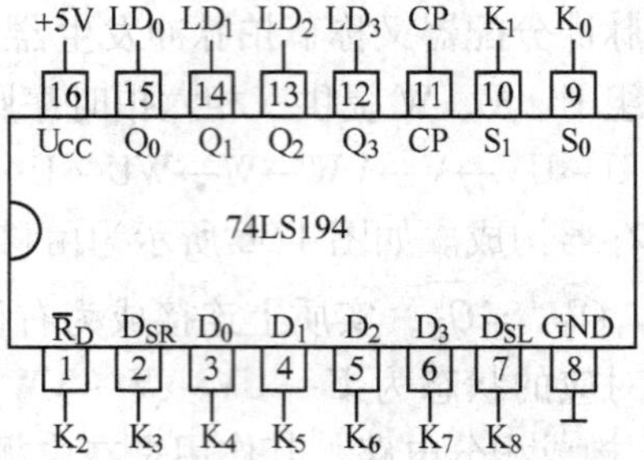

图 4-38　74LS194 的逻辑功能测试电路

五、实验任务及步骤

1. 测试 74LS194 的逻辑功能

按图 4-38 所示电路接线，Q_0、Q_1、Q_2、Q_3 端分别接电平显示发光二极管 LD_0、LD_1、LD_2、LD_3。

（1）用 74LS194 组成数码寄存器

按表 4-22 要求进行数码寄存器逻辑功能测试，将结果填入表中。

表 4-22　数码寄存器逻辑功能测试表

功能	输入								输出			
	$\overline{R}_D$	S_1	S_0	D_0	D_1	D_2	D_3	CP	Q_0	Q_1	Q_2	Q_3
	K_2	K_1	K_0	K_4	K_5	K_6	K_7	CP	LD_0	LD_1	LD_2	LD_3
清零	0	×	×	×	×	×	×	×				
存数	1	1	1	0	1	0	1	↑				
	1	1	1	1	0	1	0	↑				
	1	1	1	1	0	1	1	↑				
	1	1	1	1	1	0	1	↑				
	1	1	1	0	1	1	0	↑				
	1	1	1	1	1	1	1	↑				
	1	1	1	0	0	0	0	↑				

（2）测试 74LS194 组成移位寄存器的逻辑功能

按表 4-23 要求分别测试左、右移移位寄存器的逻辑功能，并将结果填于表中。

表 4-23　移位寄存器逻辑功能测试表

功能	输入						输出			
	$\overline{R}_D$	S_1	S_0	D_{SL}	D_{SR}	CP	Q_0	Q_1	Q_2	Q_3
	K_2	K_1	K_0	K_8	K_3	CP	LD_0	LD_1	LD_2	LD_3
清零	0	×	×	×	×	×				

（续）

功能	输入						输出			
	$\overline{R}_D$	S_1	S_0	D_{SL}	D_{SR}	CP	Q_0	Q_1	Q_2	Q_3
	K_2	K_1	K_0	K_8	K_3	CP	LD_0	LD_1	LD_2	LD_3
右移	1	0	1	×	1	↑				
	1	0	1	×	0	↑				
	1	0	1	×	1	↑				
	1	0	1	×	1	↑				
清零	0	×	×	×	×	×				
左移	1	1	0	1	×	↑				
	1	1	0	1	×	↑				
	1	1	0	0	×	↑				
	1	1	0	1	×	↑				

（3）用74LS194构成循环彩灯显示

要求：彩灯初态分别为“0001”、“0101”、“0011”，并要求每个状态左移循环一次、右移循环一次，共作六次，自拟表格记录。

电路同图4-38。实验步骤：

1）送数“0001”，置 S_1S_0（K_1、K_0）=11，置 $D_0D_1D_2D_3$（K_4、K_5、K_6、K_7）为“0001”，按 CP 单脉冲起动键。

2）循环左移：置 S_1S_0（K_1、K_0）=10，D_{SL} 与 K_8 断开并接至 Q_0，CP 用1Hz的连续脉冲，按启动键即可实现循环左移。若按下暂停键则停止循环。

3）循环右移：置 S_1S_0（K_1、K_0）=01，D_{SR} 与 K_3 断开并接至 Q_3，CP 用1Hz的连续脉冲，按启动键即可实现循环右移。若按下暂停键则停止循环。

4）送数“0101”，置 S_1S_0（K_1、K_0）=11，置 $D_0D_1D_2D_3$（K_4、K_5、K_6、K_7）为“0101”，按起动键，重复2）、3）步骤。

5）送数“0011”，置 S_1S_0（K_1、K_0）=11，置 $D_0D_1D_2D_3$（K_4、K_5、K_6、K_7）为“0011”，按起动键，重复2）、3）步骤。

2. 实现数据的串、并行转换

（1）串行/并行转换器

按图4-34接线，进行右移方式串行输入/并行输出实验，串行输入数码自定。再改接线路为左移方式串行输入/并行输出。自拟表格并记录。

（2）并行/串行转换器

按图 4-35 接线，进行右移方式并行输入/串行输出实验，并行输入数码自定。再改接线路为左移方式并行输入/串行输出。自拟表格并记录。

3. 脉冲分配器逻辑功能测试

1）按图 4-36 所示电路接线。*CP* 接单脉冲，置初态可不接 R、C 而直接接开关 K。

2）按表 4-24，先由开关 K 置初态，然后连续按六次 *CP* 单脉冲测试逻辑功能并填表。

表 4-24　脉冲分配器逻辑功能测试表

功能	输入		输出		
	K	*CP*	Q_U	Q_V	Q_W
置初态	0	1			
环形移位	1	CP_1↑			
	1	CP_2↑			
	1	CP_3↑			
	1	CP_4↑			
	1	CP_5↑			
	1	CP_6↑			

3）*CP* 用 1kHz 连续脉冲，在示波器上观察 *CP* 及 Q_U、Q_V、Q_W 的波形，在图 4-39 上画出对应波形。

图 4-39　脉冲分配器波形

六、思考题

1）在图 4-38 所示电路中，如果 $Q_0Q_1Q_2Q_3$ 已输入数码 1101，怎样使数码从 Q_0 端串行输出？

2）若要构成四位右环行计数器，则图 4-33 所示接线应如何改接？若初始状态 $Q_0Q_1Q_2Q_3=0100$，试画出 $Q_0Q_1Q_2Q_3$ 的状态转化图。

3）若进行循环左移，图 4-33 所示接线应如何改接？

七、实验总结报告

1）整理实验表格和数据，画出有关波形，检查测试结果是否正确。

2）根据环形计数器的实验结果，画出四位环形计数器的状态转换图及波形。

3）分析串/并、并/串转换器所得结果的正确性。

4）回答思考题，总结心得体会。

实验七　计数器及译码显示电路

一、实验目的

1）熟悉十进制可逆计数器、七段译码器、数码管显示器。

2）了解 74LS192、74LS190、74LS47、BS—206 的性能和功能。

3）了解反馈法在进制变换中的应用。

二、预习要求

1）复习计数器的逻辑功能及电路构成。

2）熟悉 74LS190、74LS47、BS—206 的逻辑功能、外部引线及引脚排列。

3）掌握用反馈法（清零法和置位法）使 74LS190 构成任意进制可逆计数器的方法。

三、实验原理

1. 计数器

计数器在数字电路中得到广泛的应用。计数器是一个用来实现计数功能的时序逻辑部件，它不仅可以用来累计和记忆输入脉冲的个数，还常用做数字系统的定时、分频和执行数字运算以及其他特定的逻辑功能。

计数器有很多种分类方法：按计数脉冲的引入方式可分为同步计数器和异步计数器；按计数进制可分为二进制、十进制和任意进制计数器；按计数功能可分为加法、减法及可逆计数器；还有可预置数和可编程功能计数器等。

（1）二-十进制（8421BCD 码）可逆计数器

数字电路中的十进制计数器是由四级二进制计数器经反馈法而构成的，因而称为二-十进制计数器。但由于反馈方式不同，又可分为几种码制，8421BCD 码就是其中的一种，它也有加法、减法及可逆计数器之分，其状态表如表 4-25 所示。

表 4-25　可逆计数器状态表

功　能	输　出							
	加　法				减　法			
CP	Q_3	Q_2	Q_1	Q_0	Q_3	Q_2	Q_1	Q_0
0	0	0	0	0	0	0	0	0
1	0	0	0	1	1	0	0	1
2	0	0	1	0	1	0	0	0
3	0	0	1	1	0	1	1	1
4	0	1	0	0	0	1	1	0
5	0	1	0	1	0	1	0	1
6	0	1	1	0	0	1	0	0
7	0	1	1	1	0	0	1	1
8	1	0	0	0	0	0	1	0
9	1	0	0	1	0	0	0	1
10	0	0	0	0	0	0	0	0

（2）集成同步十进制可逆计数器 74LS190

74LS190 是集成同步十进制可逆计数器，其外部引线及引脚排列如图 4-40 所示。其中 CP 为时钟脉冲输入端（上升沿有效），$D_3D_2D_1D_0$ 为并行数据输入端，$Q_3Q_2Q_1Q_0$ 为数据输出端，$\overline{LD}$为异步置数控制端（低电平有效），$\overline{CT}$为计数控制使能端（低电平有效），$\overline{U}/D$ 为加/减计数控制端，$\overline{RC}$为行波时钟输出端（低电平有效），C_0/B_0 为进位输出/借位输出端。

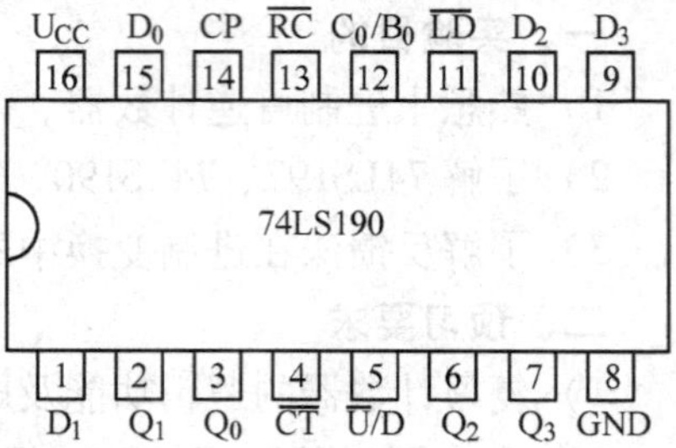

图 4-40 74LS190 外部引线及引脚排列

74LS190 逻辑功能如表 4-26 所示。由表 4-26 可知，74LS190 的主要功能如下：

异步置数：当$\overline{LD}=0$ 时，不管$\overline{CT}$、CP 状态如何，$Q_3Q_2Q_1Q_0=D_3D_2D_1D_0$。

计数：当$\overline{LD}=1$、$\overline{CT}=0$、$\overline{U}/D=0$ 时，在 CP 上升沿的作用下，计数器进行加法计数；当$\overline{LD}=1$、$\overline{CT}=0$、$\overline{U}/D=1$ 时，在 CP 上升沿的作用下，计数器进行减法计数。

保持：当$\overline{LD}=1$、$\overline{CT}=1$ 时，不管 $\overline{U}/D$、CP 如何，输出禁止计数，为保持状态。

表 4-26 74LS190 逻辑功能表

输入								输出			
$\overline{LD}$	$\overline{CT}$	$\overline{U}/D$	CP	D_3	D_2	D_1	D_0	Q_3	Q_2	Q_1	Q_0
0	×	×	×	d_3	d_2	d_1	d_0	d_3	d_2	d_1	d_0
1	0	0	↑	×	×	×	×	加法计数			
1	0	1	↑	×	×	×	×	减法计数			
1	1	×	×	×	×	×	×	保持			

74LS190 有超前进位功能，当计数上溢或下溢时，C_0/B_0 输出宽度等于 CP 周期的高电平脉冲，行波时钟端RC输出一个宽度为 CP 低电平部分的低电平脉冲。

利用行波时钟端$\overline{RC}$可级联成 N 位同步计数器。当采用并行 CP 控制时将行波时钟端$\overline{RC}$接到后一级$\overline{RC}$端；当采用$\overline{CT}$控制时，则将$\overline{RC}$接到后一级的 CP 端。

（3）用 74LS190 构成同步十进制可逆计数器

根据表 4-26 所示的 74LS190 的功能，令$\overline{CT}=0$，$D_3D_2D_1D_0=0000$，$\overline{LD}$用来清零，$\overline{U}/D$ 用做加/减计数控制，74LS190 可方便地构成同步十进制可逆计数器，如图 4-41 所示。

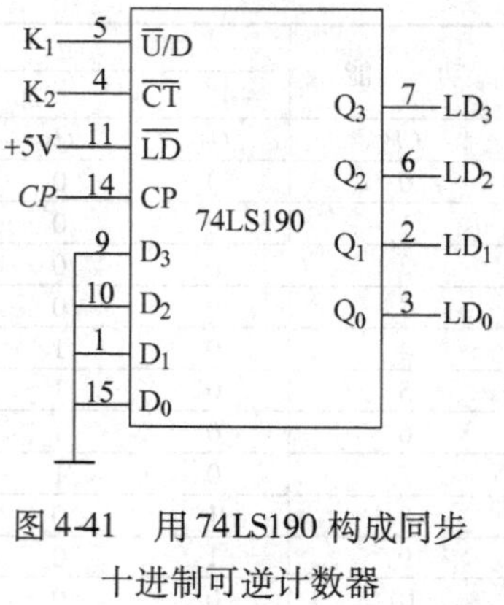

图 4-41 用 74LS190 构成同步十进制可逆计数器

（4）用 74LS190 构成任意进制的可逆计数器

74LS190 是十进制同步可逆计数器，可以用反馈法（清零法及置位法）构成二进制～九进制的可逆计数器。

1）加法可变进制计数器：加法计数是随 *CP* 脉冲数的增加而计数值也相应增加。利用反馈清零法，使计数器在无效数时提前清零，就可得到新进制的计数器。图 4-42 所示为可变进制加法计数器电路。表 4-27 是对应每种进制的反馈接线表。G_2 门的输出用做进位端。

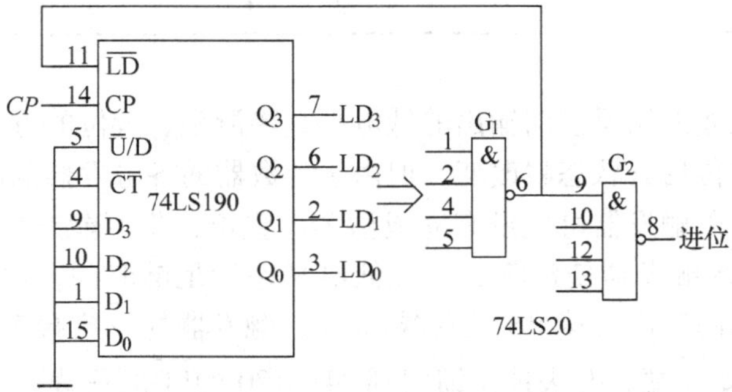

图 4-42　可变进制加法计数器电路

表 4-27　可变进制加法计数器接线表

进　制	Q_X→74LS20 输入			进　制	Q_X→74LS20 输入		
2		Q_1		6		Q_2	Q_1
3		Q_1	Q_0	7	Q_2	Q_1	Q_0
4	Q_2			8	Q_3		
5	Q_2		Q_0	9	Q_3		Q_0

2）减法可变进制计数器：减法与加法不同，总是从大数开始减，一位十进制计数器最大数为 9。利用反馈置位法，使计数器在无效数时提前置位，就构成了新进制计数器。图 4-43 所示为用 74LS190 构成减法可变进制的电路图，表 4-28 是对应每种进制的反馈预置表。G_2 门的输出用做借位端。

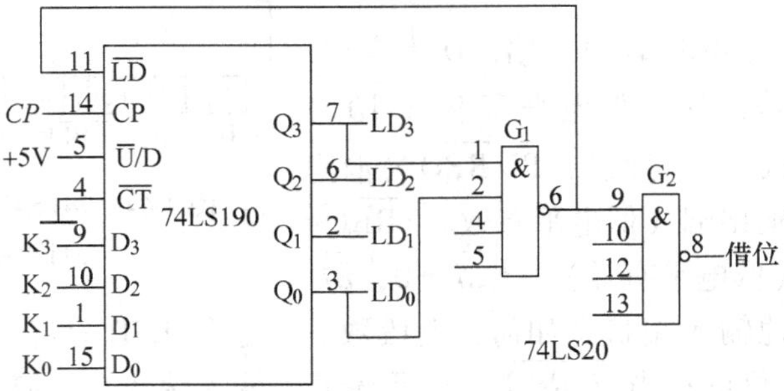

图 4-43　可变进制减法计数器电路

表 4-28 可变进制减法计数器预置表

进制	预置值 D_3	D_2	D_1	D_0	十进制数	进制	预置值 D_3	D_2	D_1	D_0	十进制数
2	0	0	0	1	1	6	0	1	0	1	5
3	0	0	1	0	2	7	0	1	1	0	6
4	0	0	1	1	3	8	0	1	1	1	7
5	0	1	0	0	4	9	1	0	0	0	8

需特别指出上述的用反馈门输出的低电平直接清零、置位的方法并不可靠，因为计数器清零、置位后其状态将改变，但由于计数器的各触发器的清零、置位时间并不完全相同，某些触发器可能没有完成清零、置位，将可能产生误动作。因而，实际应用中应用 RS 触发器使清零、置位低电平保持足够时间，但又不能影响 *CP* 的正常触发，反馈门输出端接 RS 触发器 $\overline{S}_D$ 端，触发器的 $\overline{Q}$ 端接 74LS190 的$\overline{LD}$端；74LS190 的 CP 端接 $\overline{R}$ 端，并去掉反馈门到 74LS190 的$\overline{LD}$的连线。为了简便，在实验中可不接 RS 触发器。

用集成同步十六进制可逆计数器 74LS191 也可以构成二进制～十五进制的可逆计数器，这里不再叙述。

（5）用触发器组成计数器

用 D 触发器或 JK 触发器也可以组成各种计数器，参见课本内容，这里不再说明。

2. 四线/七线译码器（七段译码驱动器）74LS47

译码器是将计数器输出的二进制数码译成显示器需要的数码，从而驱动显示器。74LS47 是低电平有效的七段译码驱动器，它常用来驱动共阳极接法的七段数码管。图 4-44 所示为 74LS47 的外部引线及引脚排列，其功能见表 4-29。

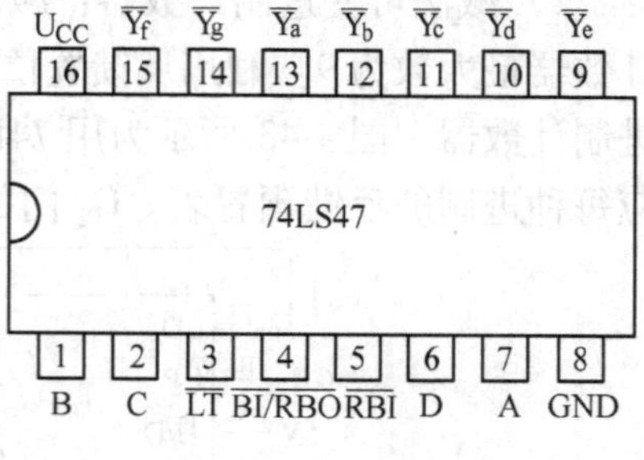

图 4-44 74LS47 外部引线及管脚排列

其中，DCBA 为 BCD 码输入端，D 为高位；$\overline{Y}_a$～$\overline{Y}_g$ 为七段码输出端（低电平有效）；$\overline{LT}$为灯测试输入端（低电平有效）；$\overline{BI/RBO}$为消隐输入端/脉冲消隐输出端（低电平有效）；$\overline{RBI}$为脉冲消隐输入端（低电平有效）。当$\overline{LT}=0$，$\overline{BI/RBO}=1$，无论其他输入端状态如何，七段数码显示管 LED 全亮，显示数字“8”字，表示数码管是好的；当$\overline{BI/RBO}=0$，无论其他输入端状态如何，七段数码显示管 LED 全灭。

表 4-29　74LS47 功能表

十进制功能	输入							输出							字形
	$\overline{LT}$	$\overline{RBI}$	$\overline{BI}/\overline{RBO}$	D	C	B	A	$\overline{Y}_a$	$\overline{Y}_b$	$\overline{Y}_c$	$\overline{Y}_d$	$\overline{Y}_e$	$\overline{Y}_f$	$\overline{Y}_g$	
灭灯	×	×	0	×	×	×	×	1	1	1	1	1	1	1	全灭
试灯	0	×	1	×	×	×	×	0	0	0	0	0	0	0	8
0	1	1	1	0	0	0	0	0	0	0	0	0	0	1	0
1	1	×	1	0	0	0	1	1	0	0	1	1	1	1	1
2	1	×	1	0	0	1	0	0	0	1	0	0	1	0	2
3	1	×	1	0	0	1	1	0	0	0	0	1	1	0	3
4	1	×	1	0	1	0	0	1	0	0	1	1	0	0	4
5	1	×	1	0	1	0	1	0	1	0	0	1	0	0	5
6	1	×	1	0	1	1	0	0	1	0	0	0	0	0	6
7	1	×	1	0	1	1	1	0	0	0	1	1	1	1	7
8	1	×	1	1	0	0	0	0	0	0	0	0	0	0	8
9	1	×	1	1	0	0	1	0	0	0	0	1	0	0	9

3. 七段数码管 BS—206

七段数码管有共阴极和共阳极两类。不同的数码管要求配用与之相应的译码驱动器，共阴极接法的七段数码管配用高电平有效的译码驱动器，共阳极接法的七段数码管配用低电平有效的译码驱动器。BS—206 是共阳极七段数码管。图 4-45 所示为 BS—206 的外部引线及内部结构图，其参数指标如表 4-30 所示。BS—206 常与低电平有效的七段译码驱动器（如 74LS47 等）配合使用。

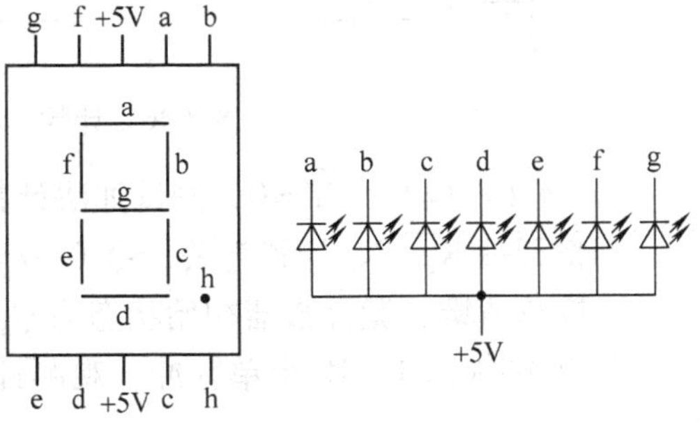

图 4-45　BS—206 的外部引线及内部结构图

注意，译码器的输出端 $\overline{Y}_a \sim \overline{Y}_g$ 必须分别串接约 300Ω 的限流电阻，然后再与数码管的 a ~ g 端子相连接，否则将烧坏数码管的 LED。

表 4-30　七段数码管 BS—206 的参数指标

P_M/mW	I_{FM}/mA	I_F/mA	U_F/V	I_R/μA	U_R/V	I_V/mA	λ_F/nm
七段及小数点全亮			I_F = 10mA/段	U_R = 5V 单条		I_F = 10mA	红色
600	200	60	≤3.6	≤100	≥10	≥150	655

四、实验仪器设备及元件

1）数字电路逻辑实验箱一台。

2）双踪示波器一台。

3）集成逻辑门电路：74LS00 二输入端四“与非”门一片，74LS20 四输入端二“与非”门一片。

4）集成同步十进制可逆计数器 74LS190 一片。

5）七段译码驱动器 74LS47 一片。

6）七段数码管 BS—206 一只。

五、实验任务及步骤

1. 计数、译码、显示电路的功能测试

1）按图 4-46 所示可逆十进制计数、译码、显示电路接线，将 $\overline{U}/D$、$\overline{CT}$端分别接开关 K_1、K_2，但计数器输出端 $Q_3Q_2Q_1Q_0$ 到译码器输入端 DCBA 的连线暂不连接，而将计数器输出端 $Q_3Q_2Q_1Q_0$ 分别接电平显示发光二极管 LD_3、LD_2、LD_1、LD_0。

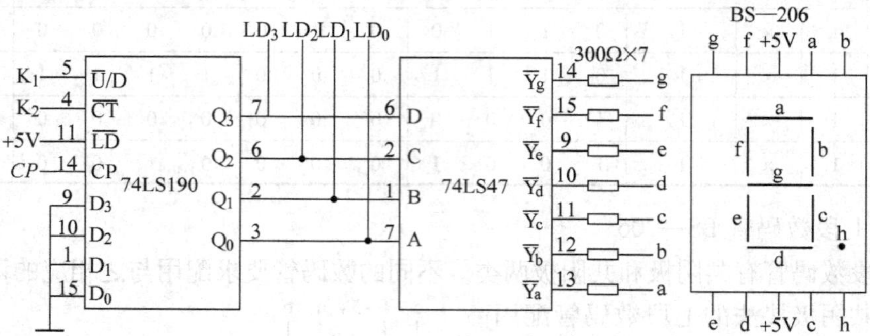

图 4-46 计数、译码、显示电路

2）置 $\overline{U}/D=0$，$\overline{CT}=0$，测试加法计数功能。

①将开关 K_1、K_2 均置为关，令 $\overline{U}/D=0$，$\overline{CT}=0$；

②按总清键，置计数器初始状态为 $Q_3Q_2Q_1Q_0=0000$；

③CP 端加入 1～10 个单脉冲。观测计数器的输出状态，将输出结果填入表 4-31 中；

④连接计数器的输出端 $Q_3Q_2Q_1Q_0$ 到译码器输入端 DCBA 的连线，重复步骤①、②，观测数码管的显示与计数器输出状态的关系，将数码管的显示填入表 4-31 中。

⑤给 CP 端加入 1kHz 脉冲，用示波器分别观察 CP 和 Q_0、Q_1、Q_2、Q_3 的波形，将波形画在图 4-47 中（注意对应关系）。

3）置 $\overline{U}/D=1$，测试减法计数器功能。将开关 K_1 置为开、K_2 置为关，令 $\overline{U}/D=1$，$\overline{CT}=0$；重复 2）中步骤②～⑤，将实验结果填入表 4-32 中，将波形画在图 4-48 中。

4）测试$\overline{CT}=0$，给 CP 端加入连续脉冲使计数器加法或减法计数，而后使$\overline{CT}=1$，观察计数器、显示器的状态变化。

表 4-31　加法计数译码显示

CP	Q_3	Q_2	Q_1	Q_0	显示
0	0	0	0	0	0
1					
2					
3					
4					
5					
6					
7					
8					
9					
10					

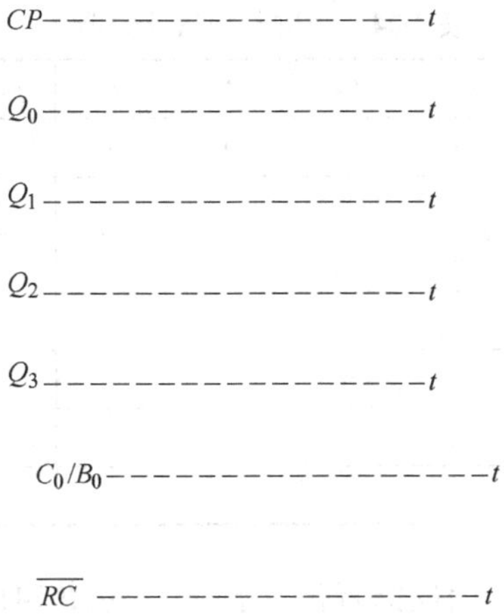

图 4-47　加法计数波形图

表 4-32　减法计数译码显示

CP	Q_3	Q_2	Q_1	Q_0	显示
0	0	0	0	0	0
1					
2					
3					
4					
5					
6					
7					
8					
9					
10					

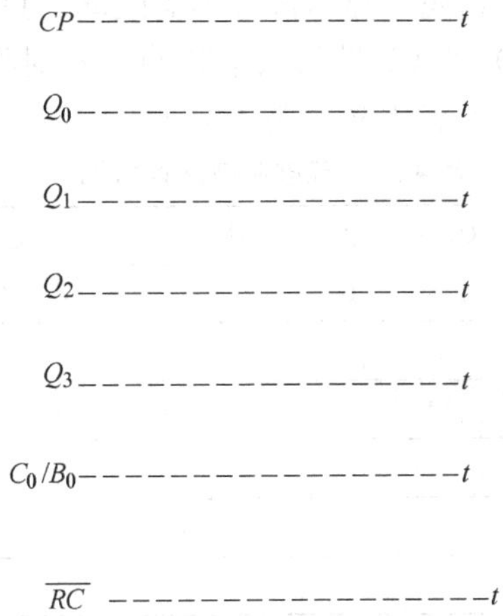

图 4-48　减法计数波形图

2. 用反馈清零法使 74LS190 构成可变进制加法计数器并测试其功能

1）按图 4-42 及表 4-27 所示，分别改接成三、六、九进制加法计数译码显示电路。注意：译码、显示部分不需改动，只需改动计数器 74LS190 的个别接线即可。

2）*CP* 采用单脉冲，分别测试三、六、九进制加法计数功能，并将实验结果分别填入表 4-33、表 4-34、表 4-35 中。

表 4-33　三进制加法计数器

CP	Q_3	Q_2	Q_1	Q_0	显示	CP	Q_3	Q_2	Q_1	Q_0	显示
0	0	0	0	0	0	2					
1						3					

表 4-34 六进制加法计数器

CP	Q_3	Q_2	Q_1	Q_0	显示
0	0	0	0	0	0
1					
2					
3					
4					
5					
6					

表 4-35 九进制加法计数器

CP	Q_3	Q_2	Q_1	Q_0	显示
0	0	0	0	0	0
1					
2					
3					
4					
5					
6					
7					
8					
9					

3. 用反馈置位（预置）法使 74LS190 构成可变进制减法计数器并测试其功能

1）按图 4-43 及表 4-28 所示，分别改接成五、七进制减法计数译码显示电路。注意：译码、显示部分不需改动，只需改动计数器 74LS190 的个别接线即可。

2）给 CP 端加入单脉冲，分别测试五、七进制减法计数功能，并将实验结果分别填入表 4-36、表 4-37 中。

表 4-36 五进制减法计数器

CP	Q_3	Q_2	Q_1	Q_0	显示
0	0	0	0	0	0
1					
2					
3					
4					
5					

表 4-37 七进制减法计数器

CP	Q_3	Q_2	Q_1	Q_0	显示
0	0	0	0	0	0
1					
2					
3					
4					
5					
6					
7					

六、思考题

1）在本次计数译码显示实验的实验步骤中，为什么要先将计数器的输出与译码的输入端之间的连接断开，待检验计数结果正常后再与译码、显示相连接？这样做有哪些好处？

2）74LS47 的输出端能否不串接限流电阻直接接到 BS—206 的对应接线端上？这样做将会产生什么后果？

3）共阴极接法和共阳极接法的数码管的内部结构有什么不同？分别由什么电平驱动？

4）反馈清零法和置数法在结构上有何差别？

七、实验总结报告

1）整理实验数据并与理论值进行比较。

2）画出实验中要求画出的有关波形。

3）通过实验表格数据与波形之间的对比，分析异步计数器与同步计数器、加法计数器与减法计数器、加法可变进制与减法可变进制计数器的相同点与不同点。

4）回答思考题，并写出实验体会及收获。

实验八　555 集成定时器及其应用

一、实验目的

1）熟悉 555 集成定时器的内部结构、工作原理及其功能。

2）掌握 555 集成定时器的基本应用——由 555 集成定时器构成的单稳态触发器、多谐振荡器及施密特触发器。

3）熟悉用示波器测量波形的周期、脉宽和幅值等。

二、预习要求

1）熟记 555 集成定时器的功能及引脚排列。

2）熟悉 555 集成定时器应用电路的工作原理、电压波形和实验步骤。

3）按照实验表格中要求进行理论计算，并将计算结果填入各表中。

三、实验原理

1. 555 集成定时器的结构及功能

555 集成定时器是一种将模拟功能与数字逻辑功能结合在一起的中规模集成电路，有双极型和 CMOS 两大类。双极型和 CMOS555 定时器，在工艺和性能上有较大差异，但结构和工作原理基本相似。通常双极型定时器具有较大的驱动能力，而 CMOS 定时器则具有功耗低、输入阻抗高等优点。555 集成定时器外接适当的电阻、电容元件，就能方便地构成不同用途的电路，如单稳态触发器、多谐振荡器及施密特触发器等，因而在定时、检测、控制、报警等方面都被广泛地应用。图 4-49 是 555 集成定时器的内部逻辑电路图，图 4-50 所示为 555 集成定时器的引脚排列图，表 4-38 为 555 集成定时器的功能表。

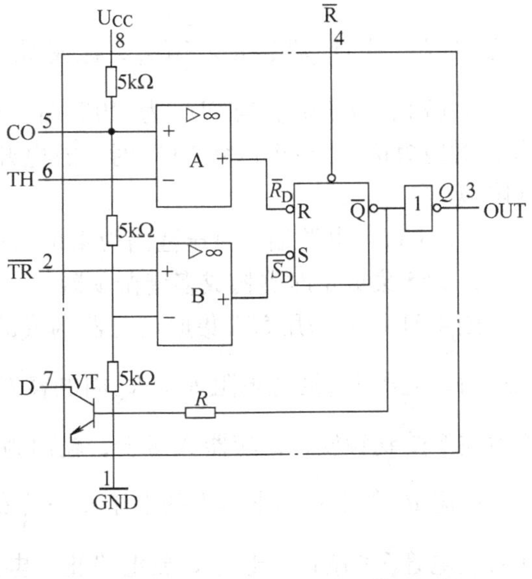

图 4-49　555 集成定时器内部逻辑电路图

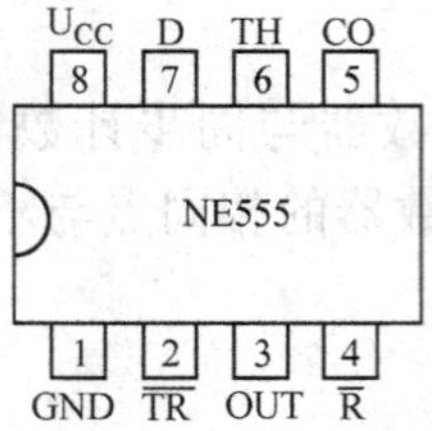

图 4-50 555 集成定时器的引脚排列图

表 4-38 555 集成定时器的功能表

$\overline{R}(4)$	$TH(6)$	$\overline{TR}(2)$	$OUT(3)$	VT 管	功能
0	×	×	0	导通	直接复位
1	$>\frac{2}{3}U_{CC}$	$>\frac{1}{3}U_{CC}$	0	导通	置 0
1	$<\frac{2}{3}U_{CC}$	$<\frac{1}{3}U_{CC}$	1	截止	置 1
1	$<\frac{2}{3}U_{CC}$	$>\frac{1}{3}U_{CC}$	保持	不变	保持

其中：

GND（1）：地。

$\overline{TR}$（2）：触发端，亦称为低电平触发器。当TR端电压$<\frac{1}{3}U_{CC}$时，比较器 B 输出为“0”；当$\overline{TR}$端电压$>\frac{1}{3}U_{CC}$时，比较器 B 输出为“1”。

OUT（3）：输出端。输出为“1”式的电压比 U_{CC}低2V 左右，输出最大电流为200mA。

$\overline{R}$（4）：复位端，低电平有效。当 $\overline{R}$ 为“0”时，OUT 为“0”，正常使用时 $\overline{R}$ 应置“1”（接 $+U_{CC}$）。

CO（5）：电压控制端。当该端外加直流电压时，可改变分压器各点电位。无外部连线时，该端对地应接入 0.01μF 电容，以防干扰引入比较器 A 的同相端。

TH（6）：阈值端，亦称高电平触发器。当 TH 端电压$<\frac{2}{3}U_{CC}$时，比较器 A 输出为“1”；当 TH 端电压$>\frac{2}{3}U_{CC}$，比较器 A 输出为“0”。

D（7）：放电端。当 OUT 为“0”时，放电开关接通，即放电管 VT 导通，相当 D 对地短接；当 OUT 为“1”时，放电开关断开，即放电管 T 截止，相当 D 对地隔离。

U_{CC}（8）：电源端。电压范围为 4.5～18V。

2. 555 集成定时器构成多谐振荡器

图 4-51 所示为用 555 集成定时器构成的多谐振荡器电路及其工作波形。电源接通后，电源 U_{CC}通过电阻 R_1、R_2 向电容 C 充电。当电容上的电压 $u_C=\frac{2}{3}U_{CC}$时，阈值端 6 受到触发，比较器 A 翻转，输出为低电平，同时放电管 VT 导通，电容 C 通过电阻 R_2 放电；当电容上的电压 $u_C=\frac{1}{3}U_{CC}$时，比较器 B 工作，输出为高电平，同时放电管 VT 截止，电容 C 放电终止，电源 U_{CC}再通过电阻 R_1、R_2 向电容 C 充电，如此反复，形成振荡。

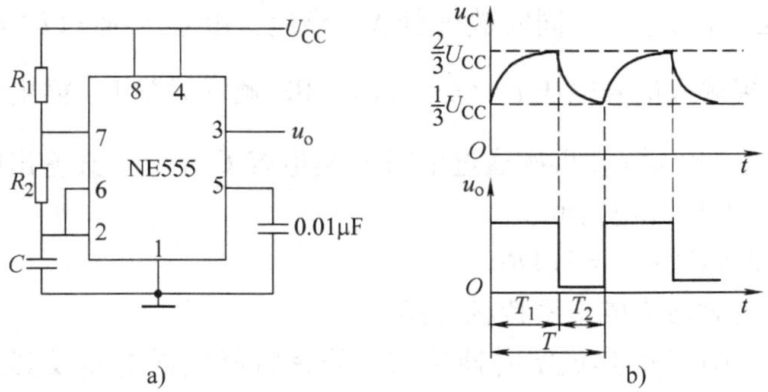

图 4-51 多谐振荡器电路及工作波形
a）电路图 b）波形图

充电时间：$T_1 = 0.7(R_1 + R_2)C$

放电时间：$T_2 = 0.7R_2C$

振荡周期：$T = 0.7(R_1 + 2R_2)C$

振荡频率：$f = \frac{1}{T} = \frac{1}{0.7(R_1 + 2R_2)C} \approx \frac{1.43}{(R_1 + 2R_2)C}$

占空比：$d = \frac{T_1}{T} = \frac{R_1 + R_2}{R_1 + 2R_2}$

若 $R_2 >> R_1$，则周期 $T \approx 1.2R_2C$，频率 $f \approx \frac{1}{1.4R_2C}$，占空比 $d \approx \frac{R_2}{2R_2} = 0.5$。

3. 555 集成定时器构成单稳态触发器

图 4-52 所示为用 555 集成定时器构成的单稳态触发器电路及其工作波形。电源接通后，电源 U_{CC} 通过电阻 R 向电容 C 充电。当电容上的电压 $u_C = \frac{2}{3}U_{CC}$ 时，RS

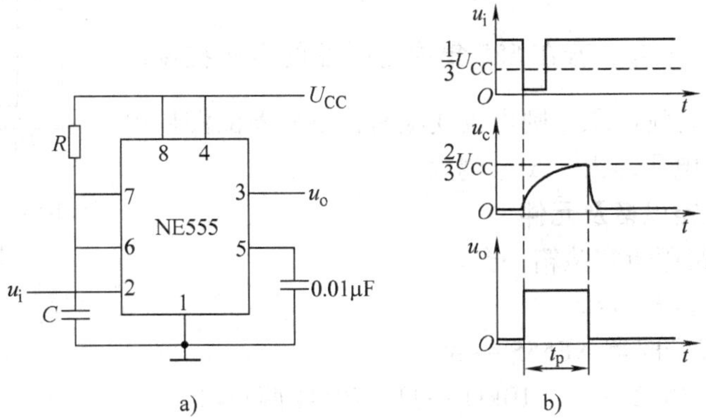

图 4-52 单稳态触发器电路图及工作波形
a）电路图 b）波形图

触发器置0，输出为低电平，同时放电管VT导通，电容C通过放电管VT放电；当触发端2的外接输入信号电压$u_i < \frac{1}{3}U_{CC}$时，RS触发器置1，输出为高电平，同时放电管VT截止，电源U_{CC}再次通过电阻R向电容C充电。其输出电压维持高电平的时间取决于RC的充电时间。

输出电压脉冲脉宽：$t_p = 1.1RC$

4. 555集成定时器构成施密特触发器

图4-53所示为用555集成定时器构成的施密特触发器电路及其工作波形。只要将555集成定时器的阈值端TH（6）和触发端$\overline{TR}$（2）连在一起作为输入端，就可得到构成施密特触发器。当u_i为三角波时，u_o便输出方波。

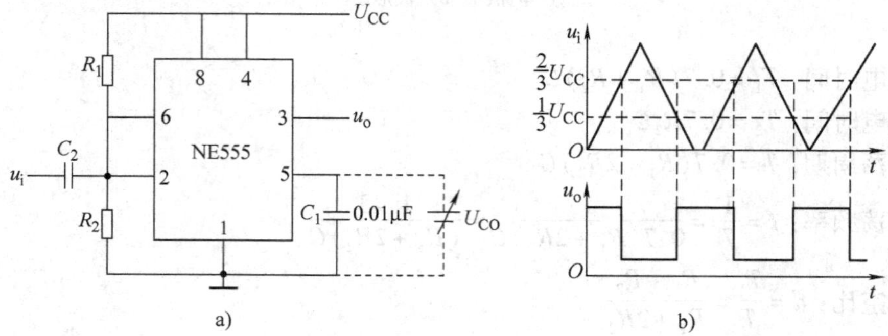

图4-53　施密特触发器电路图及工作波形
a）电路图　b）波形图

施密特触发器的传输特性如图4-54所示。显然，施密特触发器的正向阈值为$U_{TH} = \frac{2}{3}U_{CC}$，负向阈值为$U_{TL} = \frac{1}{3}U_{CC}$，滞回电压等于两者之差，即$\Delta U_T = \frac{1}{3}U_{CC}$。若在555集成定时器的电压控制端CO（5）外接一直流电压，则可改变施密特触发器的滞后电压ΔU_T，且外加电压越大，ΔU_T越大。

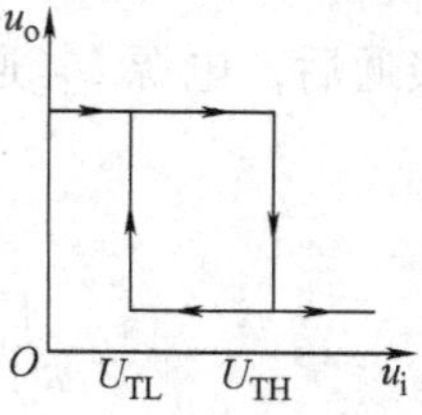

图4-54　施密特触发器的传输特性

四、实验仪器设备及元件

1）数字电路逻辑实验箱一台。

2）双踪示波器一台。

3）555集成定时器NE555一片。

4）电阻：100kΩ一只、10kΩ一只、20kΩ两只。

5）电容：10μF、0.1μF、0.047μF、0.01μF各一只。

五、实验任务及步骤

1. 555集成定时器构成多谐振荡器

1）按图 4-51a 所示电路连接成多谐振荡器，取 $R_1=10\text{k}\Omega$、$R_2=100\text{k}\Omega$、$C=0.1\mu\text{F}$。

2）检查接线无误后，接通 5V 电源，用双踪示波器观察 u_C、u_o 波形，将波形画在图 4-55 中。并用示波器测量 T_1、T_2，计算出 T 和 f，将数据填入表 4-39 中。

3）改变 $C=0.047\mu\text{F}$，重复 2）的操作（注：不同电容 C 所对应的 u_C、u_o 波形可画在图 4-55 的同一坐标中，用不同颜色区分并加以注明）。

表 4-39　多谐振荡器实验测量

C	内　容	T_1/ms	T_2/ms	T/ms	f/kHz
$0.1\mu\text{F}$	理论计算				
	测量值				
$0.047\mu\text{F}$	理论计算				
	测量值				

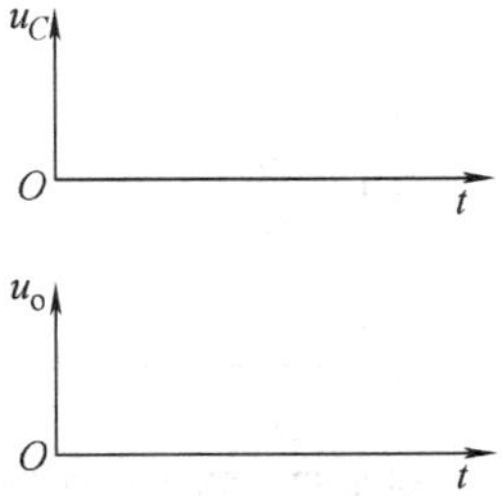

图 4-55　多谐振荡器实验波形

2. 555 集成定时器构成单稳态触发器

1）按图 4-52a 所示电路连接成单稳态触发器，取 $R=100\text{k}\Omega$，$C=0.1\mu\text{F}$。

2）检查接线无误后，接通 5V 电源，取 u_i 为 500Hz 的 TTL 电平方波，占空比为 90%，用示波器测量 u_i、u_C、u_o 波形，并将波形画在图 4-56 中。并用示波器测量脉宽 t_P，将结果填入表 4-40 中。

表 4-40　单稳态触发器实验测量

内　容	t_p/ms
理论计算	
测量值	

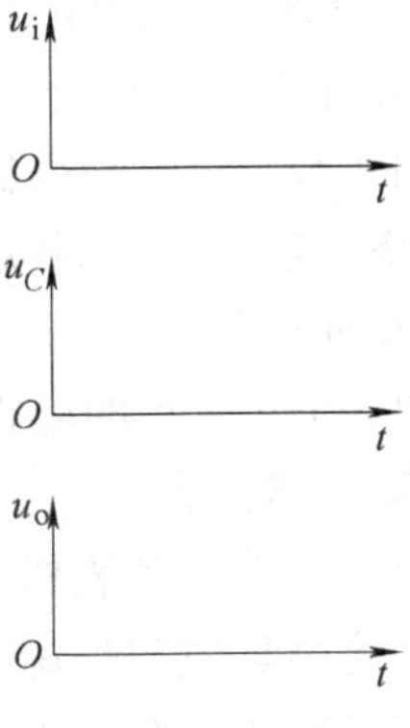

图 4-56　单稳态触发器实验波形

3. 555 集成定时器构成施密特触发器

1）按图 4-53a 所示电路连接成施密特触发器，取 $R_1=R_2=20\text{k}\Omega$、$C_2=10\mu\text{F}$。

2）检查接线无误后，接通 5V 电源，取 u_i 为 1kHz，$U_{P-P}=5\text{V}$（峰-峰值）的正弦电压，用示波器测量 u_i、u_o 波形，并将波形画在图 4-57 中。

3）用示波器 X-Y 方式，测试 u_o 与 u_i 之间的传输特性，画在图 4-58 中。并测量滞回电压 ΔU_T，将结果填入表 4-41 中。

4）断开 555 集成定时器的电压控制端 CO（5）与电容 C_1 的连线，在 CO 端与地端 GND（1）接一直流电源 U_{CO}。按表 4-41 要求改变 U_{CO}，测试对应的 ΔU_T，并将结果填入表 4-41 中。

图 4-57 施密特触发器实验波形

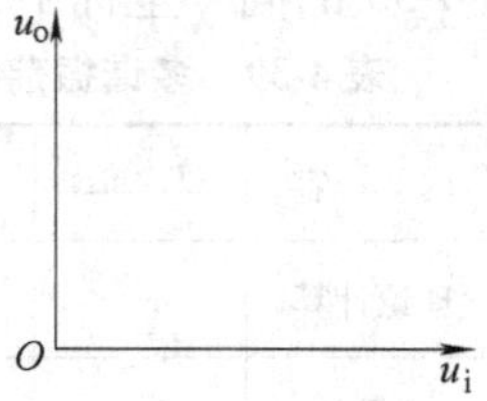

图 4-58 施密特触发器实验传输特性

表 4-41 ΔU_T 与 U_{CO} 关系

U_{CO}/V		2.5	3	3.5	4	4.5
ΔU_T/V	理论计算					
	测量值					

六、思考题

1）555 集成定时器的 CO 端的作用是什么？CO 端不外接电压时为什么通常要接 0.01μF 的电容？

2）图 4-51a 所示的多谐振荡器电路中，如果在 R_1 两端并联一个二级管，且二级管的阳极接 +5V，阴极接 555 集成定时器的 7 脚 D 端，试分析这时 T_1、T_2、T 和占空比 d 分别为多少？

3）在图 4-52a 所示的单稳态触发器电路中，输出脉宽 t_p 只决定于电路的哪些参数？该电路要输入负脉冲宽度小于 t_p，如果触发器脉宽大于 t_p 时，电路应如何改进？画出改进电路。

4）在图 4-53a 所示的施密特触发器电路中，电阻 R_1、R_2 的作用是什么？

七、实验总结报告

1）整理实验数据和表格，画出各波形。

2）将实验测量值与理论计算进行对比，若误差过大应分析原因。

3）回答思考题，并作出实验小结及心得体会。

实验九 数 字 钟

一、实验目的

1）了解数字钟的基本原理，自行设计数字钟电路的部分电路。

2）掌握调试较复杂的数字电路的方法，验证自行设计电路的功能。

3）了解中规模集成电路数据选择器74LS157及数值比较器74LS85的逻辑功能及使用方法。

二、预习要求

1）认真阅读本次实验介绍的内容。

2）根据实验要求，自行设计秒、分、时计数器和译码显示电路，并标注集成芯片的引脚号。

三、实验原理

1. 数字钟的原理

数字钟原理框图如图4-59所示。它是由秒脉冲电路，秒、分、时计数电路，时、分校时电路及定点报时电路等部分组成。秒脉冲电路产生的秒脉冲→秒计数电路→分计数电路→时计数电路，当计满12小时后又开始下一个循环。需要时可手动校时并可按预置整点报时。

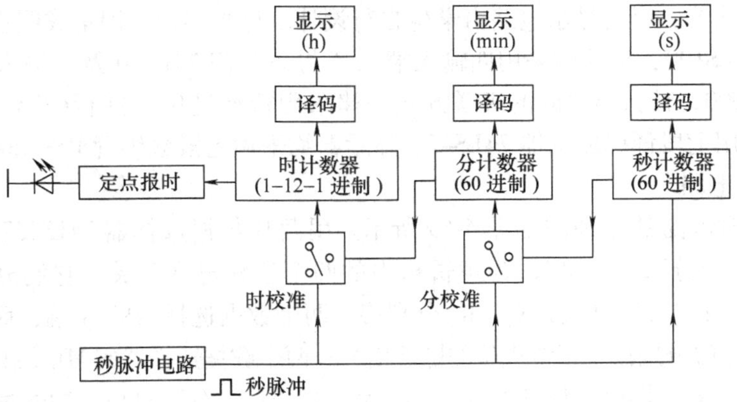

图4-59　数字钟原理框图

2. 数字钟的技术要求

1）具有正常的时、分、秒的计时数字显示。

2）具有手动校时，校时位和分位时，都要求按每秒加1的速度循环计数。

3）定点报时（本实验要求定为12点钟）。

3. 秒脉冲电路

秒脉冲电路是产生周期为一秒的脉冲信号。秒脉冲是计时的基本单位，因而秒脉冲的精度就决定了数字钟的精度。通常秒脉冲电路是由石英晶体振荡器经若干分频后变为秒脉冲，石英振荡器的精度很高，因而用这种方式获得的秒脉冲的精度也很高。石英振荡器的精度越高、频率越高，秒脉冲的精度也越高。常用的秒脉冲电路有两种，一种是1MHz或10MHz晶体振荡器经若干10分频电路分频而成，另一种是32768Hz晶体振荡器经若干2分频电路分频而成。本实验不再搭接秒脉冲电路，而直接采用数字逻辑实验箱中的秒脉冲。

4. 秒、分、时计数器及译码显示电路

（1）秒、分计数器

秒、分计数器电路完全相同，都是60进制计数器，可采用两级十进制计数器经整体归零法而获得。

（2）时计数器

本应为12进制计数器，但为了适应人们的计时习惯，时计数器就变成为1-12-1的特殊12进制计数器。可采用两级十进制计数器在计数到13时，经整体反馈法使时计数器的十位置0、个位置1而成。

秒、分、时计数器都为加法计数器。

（3）译码显示电路

全部计数器的译码显示电路相同均采用共阳极七段译码驱动器及共阳极七段数码管。

所有计数器、译码显示电路由学生自行设计。计数器均采用集成同步十进制可逆计数器74LS190，反馈门采用四输入端二“与非”门74LS20及二输入端四“与非”门74LS00，计数器之间的级联方式一律采用行波进位（并行$\overline{CT}$控制）方式。译码器均采用七段译码驱动器74LS47，显示器均采用七段数码管BS—206。

5. 校时电路

手动校时电路的原理图如图4-60所示。用两片数据选择器74LS157分别作为“校时”和“校分”，K_1和K_2为逻辑箱中的两个逻辑电平开关，它们分别表示校“时”开关和校“分”开关，K_1、K_2分别接于两个数据选择器的A端，而两个数据选择器的$1D_0$端分别接于正常进位的脉冲信号；两个数据选择器的$1D_1$端接于校时用的秒脉冲。这样，当正常计时时，K_1、K_2为“0”时，“分”进位脉冲通过“分”数据选择器而进入“分”计数器；“时”进位脉冲通过“时”数据选择器而进入“时”计数器。若需“校时”时，如“分”校时，将K_2置“1”，则秒脉冲就通过“分”数据选择器进入分计数器，而实现分“校时”；如“时”校时，将K_1置“1”，则秒脉冲就通过“时”数据选择器进入时计数器，而实现“时”校时。

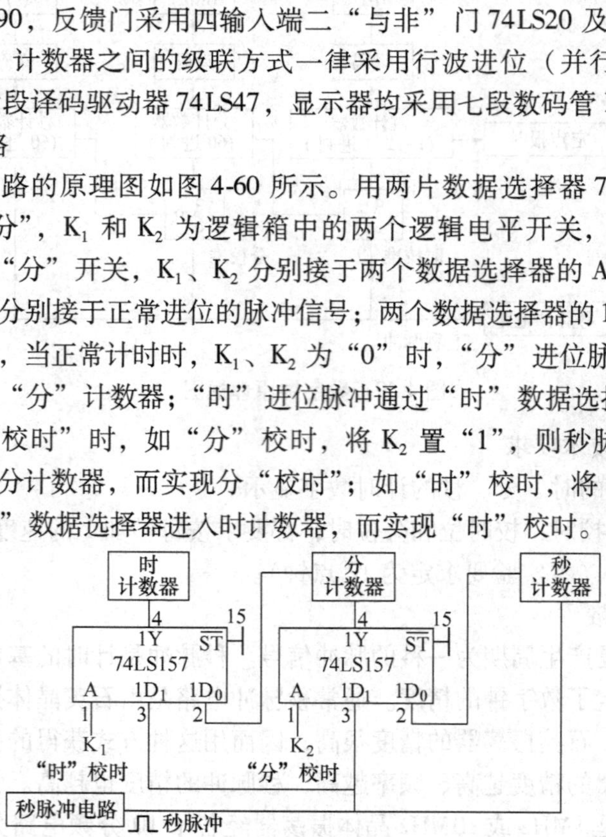

图4-60 手动校时电路原理图

图 4-61 所示为四组二选一的数据选择器 74LS157 的引脚排列，表 4-42 是数据选择器 74LS157 的功能表。数据选择端 A 为四组共用，供四组从各自的两个数据（$1D_0$、$1D_1$；$2D_0$、$2D_1$；$3D_0$、$3D_1$；$4D_0$、$4D_1$）中分别选择一个数据。当 $A=$ “0” 时，四组都选取 D_0；当 $A=$ “1” 时，四组都选取 D_1。选通端 $\overline{ST}$ 也为四组公用，当 $\overline{ST}=$ “0” 时，才能选择数据。

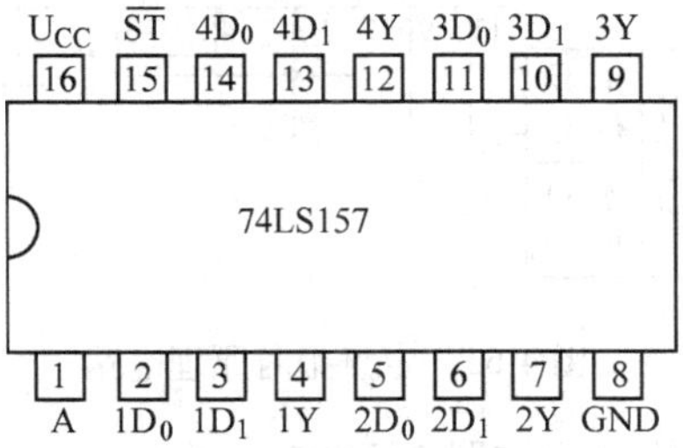

图 4-61 数据选择器 74LS157 引脚排列

表 4-42 数据选择器 74LS157 功能表

输入				输出
$\overline{ST}$	A	D_0	D_1	Y
1	×	×	×	0
0	0	0	×	0(同 D_0)
0	0	1	×	1(同 D_0)
0	1	×	0	0(同 D_1)
0	1	×	1	1(同 D_1)

6. 定点报时电路

定点报时要求在 12 点钟产生报时信号，使指示灯亮。采用四位二进制数值比较器 74LS85 来实现。图 4-62 所示为四位二进制数值比较器 74LS85 的引脚排列，表 4-43 是数值比较器 74LS85 的功能表。它有两组比较的四位二进制数输入端 A_3、A_2、A_1、A_0 及 B_3、B_2、B_1、B_0（A_3、B_3 为高位）和三个级联输入端 A > B、A = B、A < B 以及三个判断（比较结果）输出端 $F_{A>B}$、$F_{A=B}$、$F_{A<B}$。级联时器件要求个位（最低位）的 A > B、A < B 接地，A = B 接 U_{CC}。

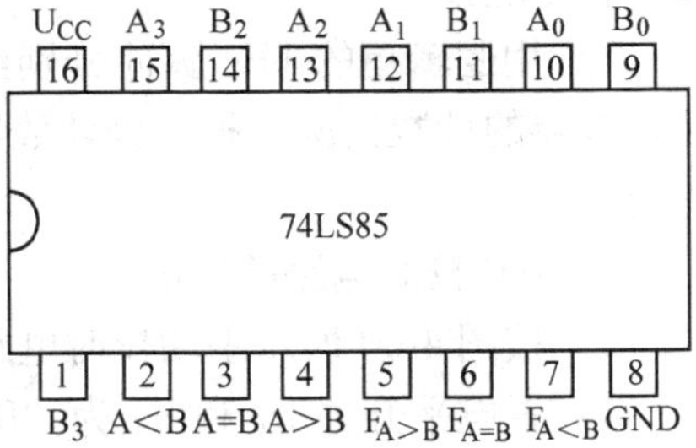

图 4-62 四位二进制数值比较器 74LS85 引脚排列

表 4-43 四位二进制数值比较器 74LS85 功能表

输 入					输 出		
A_i	B_i	$A>B$	$A=B$	$A<B$	$F_{A>B}$	$F_{A=B}$	$F_{A<B}$
1	0	×	×	×	1	0	0
0	1	×	×	×	0	0	1
0	0	0	1	0	0	1	0
1	1	0	1	0	0	1	0

图 4-63 所示为定点报时的原理电路。图中 A_1、A_0、A = B 预置为 “1”，“时” 计数器的个位的 Q_1 端接 B_0 端；“时” 计数器十位的 Q_0 端接 B_1 端。当时计数器计

数到十进制数的12时，其个位的 Q_1 和十位的 Q_0 均为"1"，数值比较器74LS85的 $F_{A=B}$ 输出为"1"，指示灯LD亮。

四、实验仪器设备及元件

1）数字电路逻辑实验箱一台。

2）双踪示波器一台。

3）集成逻辑门电路：74LS00二输入端四"与非"门三片、74LS20四输入端二"与非"门三片。

4）集成同步十进制可逆计数器74LS190六片；七段译码驱动器74LS47六片；七段数码管BS—206六只。

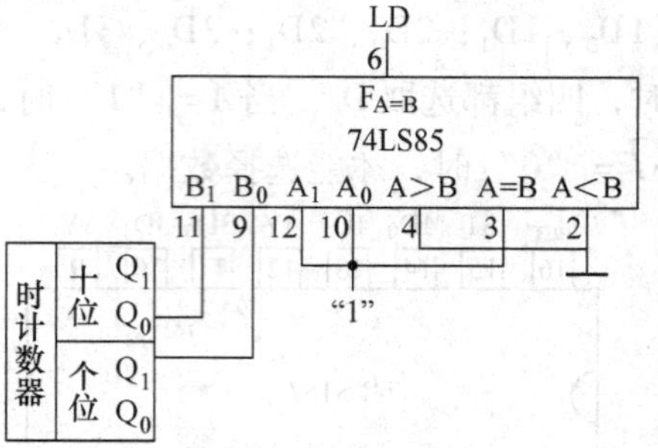

图4-63 定点报时原理电路

5）数据选择器74LS157二片、四位二进制数值比较器74LS85一片。

五、实验任务及步骤

1. "秒、分、时"计数器的调试

1）根据自己设计的电路在逻辑箱上连接成秒、分、时计数器，计数器之间的级联暂不连接。

2）用逻辑箱的1Hz脉冲分别给秒、分、时计数器输入秒脉冲，观测秒、分、时计数器的计数情况。秒、分计数器应为60进制，时计数器应为1-12-1的特殊12进制。

2. 手动校时电路的调试

1）按图4-60所示手动校时电路接线。

2）置电平开关 K_1 和 K_2 为"0"，观察秒、分、时计数器级联后的计数状态。在实验中，观察秒计数器时，计数输入采用正常的秒脉冲；观察分计数器时，秒计数器输入接入100Hz（0.01s）脉冲；观察时计数器时，秒计数器输入接入1kHz（1ms）脉冲。

3）置电平开关 K_2 为"1"，观察分计数器的校时状态。正常时，分计数器应能在0～59之间以每秒加1的速度循环计数。观察结束后，使电平开关 K_2 恢复为"0"。

3. 定点报时电路的调试

1）按图4-63定点报时电路接线。

2）接通电源使数字钟工作，观察定点报时电路工作状态。正常工作时，时计数器计数到12时指示灯LD应亮。在实验中，秒计数输入接在1kHz（1ms）脉冲。观察结束后，使秒计数输入恢复为秒脉冲。

六、思考题

在自行设计的秒、分、时计数器中没有复位端，如要设置复位端，电路应如何改动?

七、实验总结报告

1）说明设计的方法和步骤。

2）详细说明实验的具体步骤。

3）分析实验中出现的故障及解决办法。

4）总结实验的收获及体会。

5）回答思考题。

实验十　数字频率计

一、实验目的

1）了解数字频率计的组成和原理。

2）设计数字频率计的计数译码显示部分。

3）掌握数字频率计的各部分的调试及联调方法。

二、预习要求

1）阅读本次实验内容，掌握实验原理及实验步骤。

2）按要求自行设计计数器和译码、显示电路。

三、实验原理

数字频率计是用闸门计数原理测量交流周期性信号的频率并用数字显示出来。图 4-64 所示为数字频率计的原理框图。输入周期性的交流信号，经输入通道放大整形后变成幅度一定的方波信号后加入主闸门的一个输入端。主闸门是一个“与”门或“与非”门，其另一个输入端加入来自控制电路的门控（闸门）信号。门控信号的宽度是以单位时间形式出现，如 1s、0. 1s、10ms、1ms 等。控制电路在时基信号的作用下产生单位时间的门控宽度信号。在门控信号的作用下，主闸门输出的脉冲数就是单位时间内待测信号的周期数，即频率。这样，经计数、译码、显示电路，显示测量结果。控制电路使显示保持一定的时间后产生清零信号，使计数器清零，准备下一次测量。

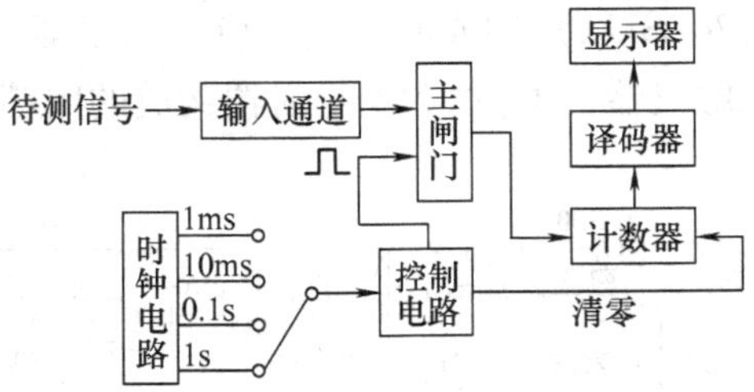

图 4-64　数字频率计的原理框图

1. 数字频率计的技术指标

本次实验数字频率计的指标如下：

数字显示：3 位

闸门时间：1s、0. 1s、100ms、1ms 共 4 档

分辨率：闸门时间：1s、0.1s、10ms、1ms

分辨率：1Hz、0.01kHz、0.1kHz、1kHz

精度：分辩率：1Hz、0.01kHz、0.1kHz、1kHz

精度：±1Hz、±0.01kHz、±0.1kHz、±1kHz

最大测量频率范围：闸门时间：1s、0.1s、10ms、1ms

测量范围：999Hz、9.99kHz、99.9 kHz、999kHz

2. 输入通道

输入通道是将待测周期性交流信号经过放大、整形变成方波信号。通常输入通道由多级集成运算放大电路和多级过零比较器组成。为简化电路，本实验待测信号直接采用方波信号。

3. 时钟电路

通用的数字频率计的时钟电路大都是采用10MHz的石英晶体振荡器经过多级10分频而构成。为了简化电路，本实验直接采用数字逻辑实验箱中的时钟信号。

4. 计数、译码、显示电路

实验中频率计的计数器为三位十进制加法计器。由学生自行设计，计数器采用集成同步十进制可逆计数器74LS190，级联一律采用行波进位（并用CT）级联方式。译码电路采用七段译码驱动器74LS47，显示器采用七段数码管BS—206。

5. 控制电路及主闸门

控制电路是数字频率计的控制枢纽。图4-65所示为控制电路及主闸门的原理电路。IC_1是由JK触发器（74LS112）构成的门控双稳态触发器，IC_2是由JK触发器（74LS112）构成的闭锁双稳态触发器，IC_3是由555集成定时器构成的显示单稳态触发器，IC_4由555定时器构成的闭锁单稳态触发器。整个电路的工作过程如下：

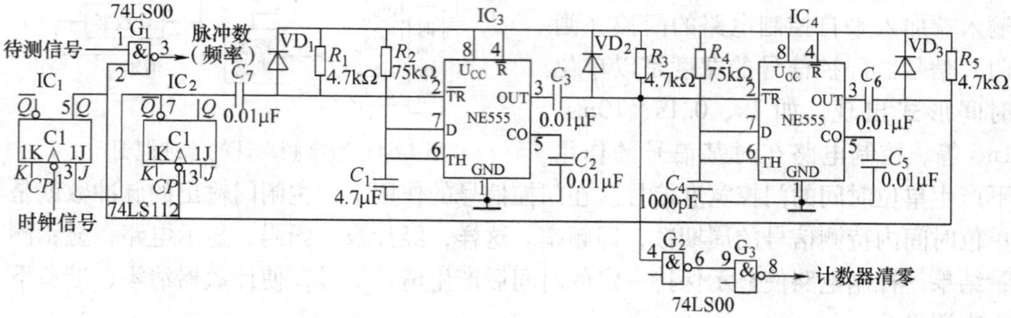

图4-65 控制电路及主闸门的原理电路

接通+5V电源的瞬间，电源分别通过电阻R_2（75kΩ）、R_4（75kΩ）向显示单稳态触发器IC_3和闭锁单稳态触发器IC_4的电容C_1（4.7μF）及C_4（1000pF）

充电。当电容 C_1、C_4 的电压分别大于$\frac{2}{3}U_{CC}$时，两个单稳态触发器分别进入稳态，且闭锁单稳态触发器 IC_4 进入稳态时输出端产生的下降沿使闭锁双稳态触发器 IC_2 复原，其 $\overline{Q}$ 端变为“1”，解除对门控双稳态触发器的闭锁。同时，显示单稳态触发器进入稳态时输出端产生的下降沿使所有计数器清零。

当第一个时钟脉冲到来时，IC_1 的 Q 端上跳到“1”；当第二个时钟脉冲到来时，IC_1 的 Q 端下跳到“0”，这个下降沿使 IC_2 的 $\overline{Q}$ 端下跳到“0”而使 IC_1 闭锁（由于 IC_2 的 $\overline{Q}$ 端接 IC_1 的 J 端）。IC_1 的 Q 端产生的正脉冲（高电平）宽度等于时钟信号的周期（1s、0.1s、10ms、1ms，可根据待测信号的频率而选择，由一个波段开关控制），这个正脉冲宽度称之为门控信号，它接到主闸门 G_1 的一个输入端，主闸门 G_1 的另一输入端接待测信号。主闸门的输出就是在门控信号宽度期间（单位时间）内的待测信号的脉冲数（即待测信号的频率）。脉冲数被计数器记录下来。门控信号期间称为测量期间。

IC_2 的 $\overline{Q}$ 端的下跳经 C_7、R_1 及 VD_1 组成的微分钳位电路使显示单稳态触发器 IC_3 触发，使其进入暂稳态，大约经过 0.8s（由 R_2、C_1 决定），IC_3 又恢复到稳态，其输出端（OUT 端）下跳到“0”。这一下降沿经 C_3、R_3、VD_2 组成的微分钳位电路后，其中一路经 G_2、G_3 两级反相后接到计数器清零端，使计数器清零，准备第二次测量计数；另一路接到 IC_4 的$\overline{TR}$端，使其触发进入暂稳态。

闭锁单稳态触发器 IC_4 进入暂态后，其输出端（OUT 端）上跳到“1”，经过非常短的时间（一般为 ms 级，由 R_4、C_4 决定）后，IC_4 恢复到稳态。其输出端（OUT 端）下跳到“0”，这一下跳沿经 C_6、R_5、VD_3 组成的微分钳位电路使 IC_2 复原。IC_3 及 IC_4 的暂稳态时间（脉冲宽度）之和称为显示清零时间。

此后，当时钟脉冲到来时，就开始第二次测量，重复上述过程，这样周期性地进行下去。图 4-66 所示为控制电路各端的波形。

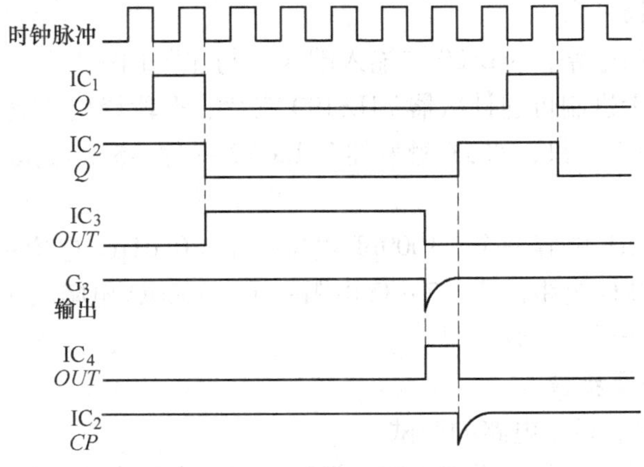

图 4-66　控制电路各端的波形

6. 测量频率的误差

（1）主闸门产生的量化误差

由于时钟脉冲控制的门控信号和待测定信号分别加于主闸门的两个输入端，尽管门控信号（闸门时间）十分稳定、精确，认为它没有误差，而待测信号的频率也认为是非常稳定的。但是它们的来源地不同，因而它们是不同步的，在闸门开启的瞬间将产生量化误差。绝对量化误差的形式是 +1 个字（计数末位的一个字）。对于采用主闸门的数字测量系统中，产生量化误差是不可避免的。

量化误差的相对形式是

$$\frac{\Delta N}{N} = \pm \frac{1}{N}$$

式中，N 为总计数量。

从上式可以看出，在闸门时间一定时，待测信号频率越高，则测量相对误差越小；在待测信号频率一定时，闸门时间越长，测量相对误差越小。因而在实际测量时，应根据测量对象，在现有频率计的条件下选择合适的闸门时间以尽量减小测量误差。

（2）时钟信号的误差

闸门时间（即门控信号的脉冲宽度）是由时钟信号通过控制电路而产生的，时钟信号的精确程度将直接影响测量误差。通常时钟信号是由频率很高（如 10MHz）的石英晶体振荡器经很多的分频器分频而成，其精度是非常高的，在短时间内进行测量，其误差可以忽略，但若长时间测量或频率计作为计量校准用，则要考虑时钟信号的误差。

四、实验仪器设备及元件

1）数字电路逻辑实验箱一台。

2）函数信号发生器一台。

3）双踪示波器一台。

4）集成逻辑门电路：74LS00 二输入端四“与非”门一片。

5）集成同步十进制可逆计数器 74LS190 三片、七段译码驱动器 74LS47 三片、七段数码管 BS—206 三只；双 JK 触发器 74LS112 一片、555 集成定时器 NE555 二片。

6）电容：4.7μF 电容一个、1000pF 电容一个、0.01μF 电容一个。

7）电阻：4.7kΩ 电阻四个、75kΩ 电阻一个、3000Ω 电阻二个。

8）二极管：普通二极管三只。

五、实验任务及步骤

1. 计数、译码、显示电路的调试

1）按自行设计的三位十进制计数、译码、显示电路在逻辑箱上插接好电路。

2）断开计数器之间的级联，检查插接线无误后，接通电源。

3）分别给每级计数器的输入端 CP 端加入单脉冲或 1Hz 的连续脉冲，观察各计数器的计数情况。

4）进行级间的级联，并给最低计数器的输入端 CP 端接入 1Hz 脉冲，观察计数器计数情况。

2. 控制及主闸门电路的调试

1）按图 4-65 连接控制电路及主闸门电路。

2）检查接插线无误后接通电源，时钟信号接入 1kHz 脉冲信号，用示波器观察控制电路各端的波形，并与图 4-66 的波形进行对比。

3. 联调实验

1）将主闸门 G_1 输出端（即 74LS00 的 3 脚）接至计数器最低位的输入端 CP 端；将计数器清零信号（即 74LS00 的 8 脚）接至计数器的清零端；时钟信号接入 1Hz 脉冲。接通电源，此时计数器显示应为全“0”。

2）按表 4-44 的要求改变闸门时间（即时钟信号）及待测信号，信号全部由逻辑箱的脉冲源提供。观察计数器的显示状态，并将计数显示结果填于表 4-44 中。

表 4-44　联调试验计数显示结果

闸门时间(时钟信号) / 待测信号	1s (1Hz)	0.1s (10Hz)	10ms (100Hz)	1ms (1kHz)
10Hz			×	×
100Hz				×
1kHz				
10kHz	×			
100kHz	×	×		
1MHz	×	×	×	

4. 测试频率

1）将低频信号发生器的 TTL 输出端接至频率计的待测信号输入端。注意：这两者需共地。

2）按表 4-45 的要求改变待测信号频率及频率计的闸门时间，测量相应的待测信号频率并将测量结果填于表中。

六、思考题

本实验的数字频率计其显示位数为三位，闸门时间分别为 1s、0.1s、10ms、1ms，若待测信号频率为 900Hz，则闸门时间应选择哪一档时测量精度最高？若待测信号频率为 9kHz 时，闸门时间应选择哪一档测量精度最高？

表 4-45

待测信号	测量结果			
	闸门时间 1s	闸门时间 0.1s	闸门时间 10ms	闸门时间 1ms
10Hz			×	×
90Hz			×	×
100Hz				×
900Hz				×
1kHz	×			
9kHz	×			
10kHz	×	×		
90kHz	×	×	×	
100kHz	×	×	×	
900kHz	×	×	×	

七、实验总结报告

1）整理实验测试的数据及表格，与理论值进行比较。

2）整理实验测试的有关波形，并与理论波形相对照。

3）回答思考题，并总结心得体会。

参 考 文 献

[1] 秦曾煌. 电工学Ⅰ(电工技术)[M]. 北京：高等教育出版社，2004.

[2] 秦曾煌. 电工学Ⅱ(电子技术)[M]. 北京：高等教育出版社,2004.

[3] 许泽鹏. 电工技术[M]. 北京：人民邮电出版社，2002.

[4] 许泽鹏. 电子技术[M]. 北京：人民邮电出版社，2004.

[5] 许开君. 电工与电子技术实验教程[M]. 北京：机械工业出版社，1992.

[6] 罗中华，吴振庚. 电工与电子技术实验教程[M]. 重庆：重庆大学出版社. 2007.

[7] 安兵菊. 电子技术基础实验及课程设计[M]. 北京：机械工业出版社，2007.

[8] 王振红，张常年. 电子技术基础实验及综合设计[M]. 北京：机械工业出版社，2007.

[9] 徐学彬，李云胜. 电工技术实验教程[M]. 成都：西南交通大学出版社，2007.

[10] 高建新，雷少刚. 电子技术实验与实训[M]. 北京：机械工业出版社，2006.

[11] 杨茂宇，等. 电工电子技术基础实验[M]. 上海：华东理工大学出版社，2005.

[12] 魏绍亮，陈新华. 电子技术实践[M]. 北京：机械工业出版社，2006.

[13] 郑长风，赵建华. 电工技术实验[M]. 西安：西北工业大学出版社，2005.

[14] 元红妍，张鑫. 电子综合设计实验教程[M]. 济南：山东大学出版社，2005.